中国生态环境保护人才战略研究

蒋洪强　卢亚灵　杨　勇　王建童　李　勃　等著

中国环境出版集团・北京

图书在版编目（CIP）数据

中国生态环境保护人才战略研究/蒋洪强等著. —北京：中国环境出版集团，2021.12

ISBN 978-7-5111-5008-0

Ⅰ. ①中… Ⅱ. ①蒋… Ⅲ. ①生态环境保护—人才培养—研究—中国 Ⅳ. ①X321.2

中国版本图书馆 CIP 数据核字（2021）第 276659 号

出 版 人　武德凯
责任编辑　葛　莉
文字编辑　史雯雅
责任校对　任　丽
封面设计　彭　杉

出版发行　中国环境出版集团
（100062　北京市东城区广渠门内大街 16 号）
网　　址：http：//www.cesp.com.cn
电子邮箱：bjgl@cesp.com.cn
联系电话：010-67112765（编辑管理部）
发行热线：010-67125803，010-67113405（传真）

印　　刷　北京中科印刷有限公司
经　　销　各地新华书店
版　　次　2021 年 12 月第 1 版
印　　次　2021 年 12 月第 1 次印刷
开　　本　787×1092　1/16
印　　张　13
字　　数　280 千字
定　　价　59.00 元

前 言

习近平总书记高度重视人才队伍建设，强调“千秋基业，人才为本”“要加快实施人才强国战略，确立人才引领发展的战略地位，努力建设一支矢志爱国奉献、勇于创新创造的优秀人才队伍”。人才是生态环境事业发展的第一资源。当前我国生态环境形势依然十分严峻，生态环境保护的工作任务复杂繁重，需要付出极其艰苦的努力。习近平总书记在全国生态环境保护大会上强调，打好污染防治攻坚战，生态环境保护需要有一支高素质专业化干部队伍，需要建设一支政治强、本领高、作风硬、敢担当，特别能吃苦、特别能战斗、特别能奉献的生态环境保护铁军。

2003 年 12 月，《中共中央　国务院关于进一步加强人才工作的决定》明确提出了坚持“党管人才”的原则，坚持“以人为本”，实施“人才强国”战略。2010 年 6 月，中共中央、国务院印发《国家中长期人才发展规划纲要（2010—2020 年）》，确立了人才优先发展的指导方针，提出了进入世界人才强国行列的奋斗目标，明确了高端引领、整体开发的人才队伍建设基本思路。为贯彻落实中央人才强国战略，进一步加强生态环境保护人才队伍建设，依据《国家中长期人才发展规划纲要（2010—2020 年）》和中央人才工作协调小组关于开展重点领域人才规划编制工作的要求，2011 年 5 月，环境保护部联合国土资源部、住房和城乡建设部、水利部、农业部、国家林业局、中国气象局印发了《生态环境保护人才发展中长期规划（2010—2020 年）》（环发〔2011〕55 号）。该规划牢固树立人才资源是第一资源的理念，以党政人才、专业技术人才和生态环保产业人才为主体，以高层次创新型人才、急需紧缺专业人才和基层实用人才为重点，明确了未来我国生态环保人才队伍建设的目标任务和八大重点工程计划。

2011 年经中央人才工作协调小组部署，由环境保护部牵头，会同国土资源部、住房和城乡建设部、水利部、农业部、国家林业局、中国气象局等部门开展了 2010 年度全国生态环保人才资源统计工作，环境保护部环境规划院、环境保护部信息中心等单位作为技术支持机构，开发了统计平台，撰写了分析报告。从 2012 年起，生态环境部（原环境保护部）每年均开展一次全国生态环保系统的人才资源统计工作，并进行分析报告的撰写。目前已经形成自 2011 年以来的连续的生态环保人才资源数据库、年度分析报告。相关数据和分析报告是贯彻落实好《生态环境保护人才发展中长期规划（2010—2020 年）》的重要基础工作。与此同时，生态环境部环境规划院联合生态环境部环境与经济政策研究中心、北京师范大学、中国环保产业协会等单位对我国生态环保人才队伍建设进行理论、战略与政策研究。在以上研究工作的基础上，形成此书。

本书系统梳理了关于生态环保人才的基本理论、发展战略、信息化建设与统计方法、人才资源分布现状、队伍建设政策建议等方面的研究成果，建立了生态环保人才队伍建设的理论和方法体系。全书共分 7 章。第 1 章对人才的概念、发展背景进行阐述，在分析我国生态环保人才队伍发展现状的基础上，总结其当前存在的短板，提出本书研究思路。第 2 章为我国生态环保人才的理论研究，从生态环保系统人才需求（需求方视角）角度提出我国生态环保人才体系分类并进行人才需求预测。第 3 章为我国生态环保系统人才资源分析，通过对比分析 2010 年和 2017 年生态环保系统内人才资源的数量、结构和分布，总结我国生态环保人才队伍的发展特征。第 4 章为我国生态环保产业人才分析，通过人才总量、结构现状及变化趋势，找出生态环保产业人才发展的基本特点、存在的问题及其原因，并提出相关政策建议。第 5 章为我国生态环保人才资源采集与相关信息发布平台介绍，包括我国生态环保人才信息采集系统、数据库系统和发布系统。第 6 章为我国生态环保人才中长期发展战略研究，通过分析《生态环境保护人才发展中长期规划（2010—2020 年）》，阐述我国生态环保人才建设的目标、战略框架、主要任务和保障措施。第 7 章为本书的主要结论和我国生态环保人才队伍建设的相关政策建议。

人才研究是一项基础性和开创性的工作，希望通过把近 10 年生态环保人才研究工作中取得的成果整理成书，推动生态环境人才建设领域的深入讨论与思考，并促进更多相关问题的提出、探讨与解决，从而更好地为全国生态环保人才队伍建设以及生态文明建设提供坚实支撑。

全书由蒋洪强研究员提出框架和撰写方案，卢亚灵副研究员负责具体技术，共同指导主笔者完成各个章节初稿，然后大家多次进行逐章逐节修改、讨论、完善，并最终定稿。第 1 章，由蒋洪强、卢亚灵负责；第 2 章，由和夏冰、田青、卢亚灵负责；第 3 章，由蒋洪强、卢亚灵、李勃负责；第 4 章，由王妍负责；第 5 章，由杨勇、王建童、韩季奇负责；第 6 章，由蒋洪强、卢亚灵、王建童负责；第 7 章，由蒋洪强、卢亚灵负责。

本书的研究与出版得到了生态环境部财政预算项目（2110104）、环保公益性行业科研专项（201209054）和国家社会科学基金教育学一般课题（BHA100057）经费的资助。在相关研究的开展与本书的写作过程中，得到了生态环境部人事司各位领导的精心指导和帮助，在此表示衷心感谢！

书中难免出现疏漏和不足之处，殷切希望读者不吝批评指正。

作　者

2020 年 5 月

目 录

第 1 章　研究背景与思路

人才是人类社会发展的重要推动力量，是社会文明进步和国家繁荣昌盛的根本。当今世界科技日新月异，知识经济方兴未艾，加快人才发展是各国采取的重大战略选择。美国作为 20 世纪世界上最发达的国家，是实行人才战略最成功的国家；日本和德国也强调“教育立国”和“技术立国”，实行人力资本投资优先的发展战略；新加坡等新兴工业化国家奉行“人才立国”理念。进入 21 世纪，各国不遗余力，纷纷采取措施提升自己的人才实力。美国先后出台了两个教育发展战略；加拿大专门设立了一项加拿大研究学者计划，以吸引世界一流的学者；法国政府制定了“科学招聘和预测十年计划（2001—2010）”；德国政府也先后推出旨在吸引欧洲以外国家信息技术人才的“绿卡”计划和新移民法。我国将“人才强国”作为中国特色社会主义的三大基本战略之一。2003 年中央人才工作会议突出强调，实施人才强国战略是党和国家一项重大而紧迫的任务。

《国家中长期人才发展规划纲要（2010—2020 年）》（以下简称《人才规划纲要》）将人才定义为：具有一定的专业知识或专门技能，进行创造性劳动并对社会做出贡献的人，是人力资源中能力和素质较高的劳动者。生态环保人才指具有一定的生态环境专业知识或专门技能，在生态环境领域进行创造性劳动并对社会做出贡献的人。《生态环境保护人才发展中长期规划（2010—2020 年）》（以下简称《生态环保人才规划》）将生态环保人才分为三类：第一类是生态环境部门群团机关和派出机构从事综合管理与监督执法的生态环保党政人才；第二类是具有专业技术职称或没有专业技术职称但在专业技术岗位上从事生态环境科学研究、生态环境监测、生态环境信息管理、生态环境宣教等的专业技术人才；第三类是从事生态环保产品生产、设备研发制造、工程技术设计、工程施工、工程咨询服务、管理咨询服务等生态环保产业的经营管理人才、工程技术和技能型人才。生态环保人才分布领域较广，除了生态环境部门，在自然资源、城乡建设、水利、农林和气象等领域均有分布。本研究指的是狭义的生态环保人才，如不特别指出，指生态环保系统内党政人才、专业技术人才和产业人才（系统内以企业形式经营的单位人才，如中国环境出版集团有限公司的相关人才）。

1.1 我国人才发展要求

我国一直非常重视人才发展。知人善用、任人唯贤，是建功立业、安邦定国的根本。历史告诉我们，当国家重视人才，这个国家就会人才荟萃，国家制定的政策就会合乎民心和历史的发展，这个国家就会兴旺发达。我国正处在改革发展的关键阶段，深入贯彻落实科学发展观，全面推进经济建设、政治建设、文化建设、社会建设以及生态文明建设，推动工业化、信息化、城镇化、市场化、国际化深入发展，全面建设小康社会，实现中华民族伟大复兴，必须大力提高国民素质，在继续发挥我国人力资源优势的同时，加快形成我国人才竞争比较优势，逐步实现由人力资源大国向人才强国的转变。党和国家历来高度重视人才工作，中华人民共和国成立以来特别是改革开放以来，提出了一系列加强人才工作的政策措施，培养造就了各个领域的大批人才。进入 21 世纪新阶段，党中央、国务院作出了实施人才强国战略的重大决策，人才强国战略已成为我国经济社会发展的一项基本战略，人才发展取得了显著成就。科学人才观逐步确立，以高层次人才、高技能人才为重点的各类人才队伍不断壮大，有利于人才发展的政策体系进一步完善，市场配置人才资源的基础性作用初步发挥，人才效能明显提高，党管人才工作新格局基本形成。

党的十九大指出，人才是实现民族振兴、赢得国际竞争主动的战略资源。党的十九大报告要求，从党的十九大开始，到 2020 年，是我国全面建成小康社会决胜期，要通过“人才强国”等战略，全面建成小康社会。要贯彻新发展理念，培养造就一大批具有国际水平的战略科技人才、科技领军人才、青年科技人才和高水平创新团队。要坚持党管人才原则，聚天下英才而用之，加快建设人才强国。实行更加积极、更加开放、更加有效的人才政策，以识才的慧眼、爱才的诚意、用才的胆识、容才的雅量、聚才的良方，把党内和党外、国内和国外各方面优秀人才集聚到党和人民的伟大奋斗中来，鼓励引导人才向边远贫困地区、边疆民族地区、革命老区和基层一线流动，努力形成人人渴望成才、人人努力成才、人人皆可成才、人人尽展其才的良好局面，让各类人才的创造活力竞相迸发、聪明才智充分涌流。

但是目前我国人才发展还存在一些问题，与我国经济社会发展需要相比还有许多不适应的地方，主要是：高层次创新型人才匮乏、人才创新创业能力不强、人才结构和布局不尽合理、人才发展体制机制障碍尚未消除、人才资源开发投入不足等。在生态环保人才方面，具有国际化视野、国际影响力的高层次领军人才和创新团队较少，高层次生态环保人才引进培养难度较大；高学历、高职称的专业技术人才在东部经济发达地区过于集中，在西部贫困地区和基层地区该类人才较少；农村环保、土壤治理、分析化学和大型仪器分析等急需紧缺专业人才较少，人才培养和评价体系需要进一步改善等问题突出。未来十几年是我国人才事业发展的重要战略机遇期。我们必须进一步增强责任感、使命感和危机感，积极应对日趋激烈的国际人才竞争，主动适应我国经济社会发展需要，坚定不移地走人才强国之路，科学规划，深化改革，重点突破，整体推进，不断开创人才辈出、人尽其才的新局面。为此，中共中央、国务院印发了《人才规划纲要》。这是我国第一个中长期人才发展规划，是今后一个时期全国人才工作的指导性文件。制定实施《人才规划纲要》是更好实施人才强国战略的重大举措，是在激烈的国际竞争中赢得主动的战略选择，对于加快经济发展方式转变、实现全面建成社会主义现代化强国的第二个百年奋斗目标具有重大意义。

《人才规划纲要》确定的我国人才发展的总体目标是：培养和造就规模宏大、结构优化、布局合理、素质优良的人才队伍，确立国家人才竞争比较优势，进入世界人才强国行列，为在21世纪中叶基本实现社会主义现代化奠定人才基础。在总体部署方面，一是实行人才投资优先，健全政府、社会、用人单位和个人多元人才投入机制，加大对人才发展的投入，提高人才投资效益。二是加强人才资源能力建设，创新人才培养模式，注重思想道德建设，突出创新精神和创新能力培养，大幅度提升各类人才的整体素质。三是推动人才结构战略性调整，充分发挥市场配置人才资源的基础性作用，改善宏观调控，促进人才结构与经济社会发展相协调。四是造就宏大的高素质人才队伍，突出培养创新型科技人才，重视培养领军人才和复合型人才，大力开发经济社会发展重点领域急需紧缺专门人才。五是改革人才发展体制机制，完善人才管理体制，创新人才培养开发、评价发现、选拔任用、流动配置、激励保障机制，营造充满活力、富有效率、更加开放的人才制度环境。六是大力吸引海外高层次人才和急需紧缺专门人才，坚持自主培养开发与引进海外人才并举，积极利用国（境）外教育培训资源培养人才。七是加快人才工作法制建设，建立健全人才法律法规，坚持依法管理，保护人才合法权益。八是加强和改进党对人才工作的领导，完善党管人才格局，创新党管人才方式方法，为人才发展提供坚强的组织保证。

1.2 我国生态环保人才发展总体状况

在《人才规划纲要》的指导下，2011年5月，环境保护部联合国土资源部、住房和城乡建设部、水利部、农业部、国家林业局、中国气象局印发《生态环保人才规划》（环发〔2011〕55号），要求用5～10年时间，使我国生态环保人才队伍规模不断壮大、人才队伍素质大幅度提升、人才队伍结构进一步优化、人才发展环境进一步改善，建设一支数量充足、素质优良、结构优化、布局合理的生态环保人才队伍，使人才队伍总体建设与生态环保事业发展的总体要求相一致。经过近几年的发展，我国生态环保人才队伍不断壮大、人才结构不断优化，为新形势下的生态环保工作提供了巨大支撑。

（1）人才队伍规模不断壮大

全国生态环保人才队伍总量从 2010 年的 179 362 人增加到 2017 年的 235 967 人，增加 56 605 人，增长 31.56%。其中党政机关人才总量达到 79 181 人，比 2010 年增加 27.54%，监察执法人才总量为 56 103 人，比 2010 年增加 56.81%，专业技术人才总量为 154 956 人，比 2010 年增加 86.12%。

（2）人才队伍素质大幅度提升

研究生学历人才比例稳步提高，2017 年全国生态环境系统硕士以上学历干部人才为 24 170 人，比 2010 年增长 113.21%，硕士以上学历人才占整个系统人才比例达到 10.24%，比 2010 年高出 3.92 个百分点。高级职称干部人才数量显著增多，2017 年全国生态环境系统专业技术人才中拥有高级职称的人才为 17 257 人，比 2010 年增长 99.30%，高级职称人才占专业技术人才的比例为 11.14%。

（3）人才队伍结构进一步优化

生态环保人才队伍具有年轻化特征，2017 年，40 岁以下生态环保人才共有 130 334 人，占人才总量的比例为 55.23%，比 2010 年降低 7 个百分点。人才学历结构逐步优化，2010 年，全国生态环保人才中具有博士研究生（以下简称博士）、硕士研究生（以下简称硕士）、本科、专科、中专及以下学历的分别为 1 176 人、10 160 人、75 143 人、60 750、32 133 人，占生态环保人才的比例分别为 0.7%、5.7%、41.9%、33.9%和 17.9%，具有硕士及以上学历的人才占比为 6.4%；到 2017 年，各学历人才占比分别为 1.25%、8.99%、48.87%、27.88%和 13.01%，具有硕士及以上学历的人才占生态环保人才的比例为 10.24%，该比例显著提升。

（4）基层生态环保人才队伍得到加强

近年来，通过增加基层环保人员编制数量，实行中央、东部技术人员援助，建立环保监督员制度等多种形式，解决长期以来中西部地区、县以下基层生态环保人才数量不足的问题。中西部地区、县乡基层从事生态环保工作的人才队伍数量增加速度明显高于全国平均水平，人才素质明显提高。到 2017 年，我国县及以下生态环保人才数量为 153 184 人，比 2010 年增长 28.55%，本科及以上学历人才数量为 75 609 人，比 2010 年增长 64.59%。

（5）人才发展环境进一步改善

各地区各单位不断加强对生态环保人才队伍建设的宏观管理、综合协调、分类指导、分级实施，在总结运用人才工作传统经验的基础上，不断推进人才工作实践创新、理论创新、制度创新。各单位实施有利于人才引进培养、人才资源配置和人才创业创新的体制机制，通过加强教育培训、引入激励机制、制定倾斜政策等措施，营造了有利于人才队伍发展的良好政策环境、风气环境和工作环境。

1.3　我国生态环保人才发展的短板

虽然我国生态环保人才队伍建设取得长足进步，但与党中央、国务院对生态环境保护工作的新要求、与复杂艰巨的环境管理工作任务相比，生态环保人才队伍仍存在一些短板，主要表现为人员总量不足、队伍结构不优、人才质量不高、培养机制不全、保障措施不强、精神状态不振等。

（1）生态环保人才规模与任务要求矛盾突出

无论是国家层面，还是省、市层面，我国生态环保人才队伍在总量上依然难以满足各地经济与环境保护的协调发展的需要，人才队伍规模难以适应新时期生态环保任务的需求。全国环境执法、环境监测等的人才缺乏，与生态环保标准化建设要求差距很大，难以做到监测、执法到位。县区基层生态环境部门机构不健全，班子配备偏弱，编制严重不足，“小马拉大车”现象较为普遍；大部分县无专职宣教、信息、危管、核与辐射安全监管机构；乡镇生态环保监管机构更是缺乏，环境监管机构尚未延伸到农村。

（2）生态环保人才结构与生态环保需求不相适应

从构成来看，整个生态环保人才队伍的知识、专业、学历结构与生态环保工作任务快速发展的态势不相适应。在专业分布上，农村环保、土壤治理、核与辐射安全、分析化学和大型仪器分析等急需紧缺专业人才十分稀少，信息统计、环境宣教等专业人才总量也相对较少。在人才配置方面，一些新兴的、复合的环境问题管理岗位以及科研人才缺乏。目前我国生态环保人才队伍仍以专科和本科学历人才为主，高学历人才较少，而且这些人才多集中在国家级和省级单位，地市和区县级的硕士以上人才比例较低。

（3）高层次生态环保人才引进培养难度较大

在高层次人才的引进上，一方面，受人员编制、户口、体制等因素限制，各单位难以按需引进适当规模的生态环保人才，造成高层次专业人才的缺乏。到目前为止，全国生态环境系统“两院”院士、杰出青年人才、“百人计划”和生态环保科技创新创业领军人才等高层次人才偏少。另一方面，对高层次人才缺乏有效的激励机制，高层次人才待遇较低，容易造成人才流失。在人才培养上，缺乏系统筹划，人才接受再教育的机会较少，人才培养渠道有待拓宽，教育培训的内容、模式与需求衔接不够紧密，使得干部培养效率不够高。对于生态环保科技工作者，目前主要是通过申报课题等做法为科技人员提供研究和实践平台，但出国培训、到国内外著名研究机构进修的机会少，不利于科技人员视野的拓宽和科研能力的提高，科研经费的短缺也造成研究创新与培训深造受到较大限制。另外，各地适合不同类别人才的选拔使用和评价制度还不够健全，激励保障力度亟待加大，人才的创新创造活力没有充分释放。

（4）基层生态环保专业技术人才素质和待遇亟待提高

县、乡（镇）、村基层和中西部边远地区人才总量不足、人才结构性矛盾突出，尤其在环境应急、信息、宣教和核与辐射监管机构与人才队伍建设方面十分薄弱。机构的不健全导致基层普遍存在一人多岗、人员配备不足、专业人才缺乏、执法人员素质不高等问题。目前，我国基层生态环保人才存在的问题最大，人才专业素质较低，已经制约了生态环境保护事业的发展。2017 年，全国生态环境系统仍有 13.01%的人员为中专及以下学历，这些人员主要集中在县、乡基层，而全国区县级具有博士学历的人才最少，2017 年仅 486 人，占全国博士生态环保人才的 16.5%。在县级生态环保专业技术人才中，绝大多数为初级及以下职称人才。同时，基层、西部和部分生态环保行业工作、生活条件较为艰苦，特别是对于监测取样和监察执法、环境应急等工作来说，经常需外出采样、接触有毒有害物质，属艰苦岗位，没有监测、监察、应急专项津贴，有毒有害行业津贴和个人健康补贴，易消耗大家的工作热情。乡镇环保监管机构更是缺乏，当前生态环境部门的组织架构是以传统工业治理模式建立的，环境监管机构尚未延伸到农村。执法队伍呈现“乡镇空白、市县缺编”“有事无人干”的窘况，“新使命、新任务”与“老机构、老编制”的矛盾十分突出。一些少数民族地区（四川、云南、西藏、广西、贵州等）生态环保人员严重缺乏，招不进人员、留不住人才，影响民族地区生态环保事业发展。

（5）部分专业人才紧缺，对生态环保新问题支撑不够

在现有的生态环保人才中，噪声与振动污染防治、生物技术安全管理、生物多样性保护、生物物种资源保护、应对气候变化、农村环境保护、村镇人居生态环境保护、土壤环境保护、核安全监管、信息统计、防灾减灾、规划战略等急需紧缺环保专业的人才数量较少。目前我国生态环境问题复杂多样，新的环保形势要求进行精细化管理，部分专业人才数量较少，不利于该领域的环境保护，对于全国生态环保工作综合决策和管理来说是个短板。

（6）生态环保队伍不稳定、人才流失情况较为突出

一是工作风险比较大。由于职责边界不清晰，生态环保工作任务重、社会舆论压力大，很多基层生态环境部门感到履行环境监管职责难度大、风险高。二是上升通道比较窄。各地生态环境部门干部得到重用的比较少，一些生态环境局局长认为在生态环保岗位上职业发展空间有限，内心希望早日能调走。三是基础条件比较差。生态环境系统普遍编制紧张，工作条件较差，工作经费保障不够，监管执法缺少车辆，业务能力相对较弱。四是薪酬待遇比较低。环境监测等技术单位薪酬水平难以与系统外的生态环保企业相比。五是基层生态环保干部往往面临超过“压力阈值”后的压力传导失效问题，压力之下生态环保干

部寻求调离，甚至视免职为解脱。其他领域干部不愿意到生态环境部门任职。

（7）生态环保干部面临空前压力，挫伤干部积极性

一是生态环境部门工作难度大。基层部门受财政和人员工作能力限制，多数时候疲于应付上面工作部署和各项督查、核查、绩效考核。二是生态环境部门职责压力巨大。地方生态环境部门和分管领导，往往成为环保事故追责的对象，最终成为社会责骂的首选者。三是缺乏生态环境保护权力清单和清晰的分工职责体系，环境监测、环境监察执法、环境应急等重点业务领域缺乏工作职责规范。四是问责处分情况高发。全国纪检监察机关处分的生态环境部门工作人员中，因失职渎职被问责处分的人数占比最多。除了部分干部大局意识不强、担当意识不强，还因为部分生态环保工作职责边界不清晰，应该由地方党委和政府及相关部门承担的责任、应该由企业承担的责任可能均由生态环境部门承担。

（8）相关管理体制改革在一定程度上影响人才队伍建设

一是受环评体制改革影响，部分科研干部人才流失。根据环保部《关于印发〈全国环保系统环评脱钩工作方案〉的通知》（环发〔2015〕37 号）要求，2015 年年底前各省（区、市）必须完成环评脱钩改革工作，并进行环评资质的转移。一旦体制改革工作完成，生态环境系统事业单位在编人员不能在企业兼职，将有 70%的环评工程师持证人员辞职，这在很大程度上造成改制后生态环境系统专业技术人才严重流失，影响生态环境保护科研和综合决策支持能力。

二是事业单位改革，影响了专业技术干部人才作用发挥。专业技术人才是生态环保工作重要的技术支撑力量，但目前国家和地方生态环境部门直属事业单位改革，如生态环境部和各级生态环境厅局直管的环科院所，需要重新认定事业单位性质，事业单位改革带来的人员编制、相应的职称评定、岗位管理等改革，还存在诸多不合理的地方，如专业技术岗位数偏少、职称评定后不能聘的问题，制约了专业技术人员等级提高和职务晋升，同时管理人员发展也受到限制，有的地方（如河南）管理人员到七级岗位后受到人事管理权限的制约，发展受到严重限制，影响了事业单位生态环保人才工作积极性。

三是生态环境部门按中央要求实施省以下监测监察执法人才垂直管理制度和地级市生态环境局实行省为主的“双重”管理体制改革，既“垂直”工作，又对生态环保人才队伍建设提出新的挑战。按照这种改革，环境监测监察执法人才队伍建设面临较大的挑战，特别是具有编制的人才数量核定问题，监察执法人才的性质，双重管理干部的考核、选拔、任用等问题以及县级生态环保机构的职责定位和人员安置问题，如果实施不好，将影响地方人员工作积极性。

（9）部分领域人才建设机制缺乏规范

环境监测、环境监察、环境应急、环境信息化、环境政策法规、固体废物和化学品

管理、核与辐射安全、宣传教育等重点生态环保领域，缺乏生态环保人才行业准入标准、人员数量核定标准、业务领域岗位职责细则、人才培训考核标准、持证上岗考核标准、人才评价与选拔标准等，导致部分单位特别是基层和西部地区部分单位人员在其位而不能承担岗位职责，人才培训效果较弱，持证而不能真正上岗，干部人才测试测评和领导干部选拔具有不公平性等问题。另外，与政法等老系统相比，生态环境系统人才队伍规范化建设缺乏顶层设计，包括缺乏人员编制指导性意见、执法人员编制配置原则和职责范围规范、乡镇基层机构和人员设置标准等。

1.4 研究思路

本书遵循理论方法—数据分析与平台建设—战略建议的研究思路，通过面向高校等的生态环保人才培养与面向生态环保系统人才需求的管理理论研究，提出完善我国生态环保人才预测与素质测评的方法。结合我国生态环保系统和产业人才资源统计数据，分析了我国生态环保人才队伍发展存在的问题，构建了从数据采集统计到数据挖掘分析再到数据多维度展示的生态环保人才发展决策支持平台。根据未来我国生态环保战略需求，设计了我国生态环保人才队伍建设的中长期发展路线图，提出建设我国高素质的生态环保人才队伍的政策建议。基本思路如图 1-1 所示。

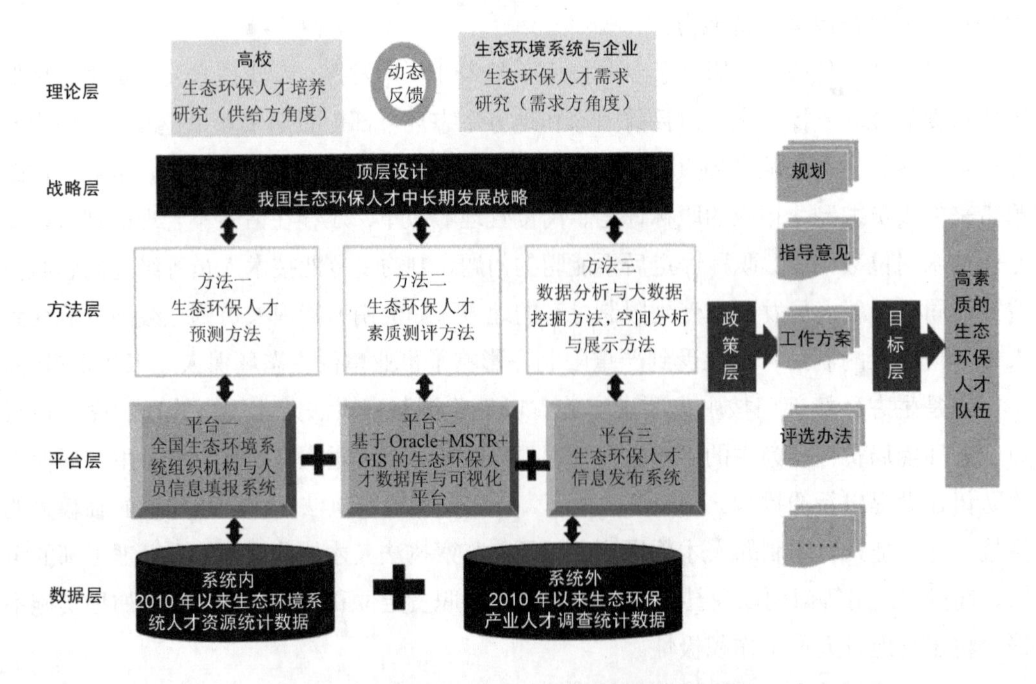

图 1-1 关于生态环保人才队伍建设的研究思路

第2章　我国生态环保人才理论体系

生态环保是我国经济社会发展重点领域之一，其人才的培养与应用是一个有机系统。高校作为生态环保人才的供给方，生态环境系统及相关企业作为生态环保人才的需求方，共同组成了这个有机系统。两者之间存在输出与输入的关系，也存在相互不适应以及需要不断协调与反馈的机制问题。随着我国生态环保事业的不断发展，社会对生态环保人才培养提出了更高要求；高校生态环保人才培养水平的不断提高，也促进了生态环保事业的不断进步。

2.1　基于供给方（高校）的生态环保人才培养①

为了探究环境问题发生的原因，找到解决环境问题的技术和手段，“二战”后世界各国高校和科研机构纷纷建立了环境学科。1977年清华大学建立了国内第一个环境工程专业，以本科人才培养作为起点，随后北京师范大学建立了国内第一个以研究生人才培养作为起点的环境科学研究所。此后，我国高校环境院系及相关学科逐步进入规模扩张阶段。

2.1.1　新形势下对生态环保人才培养的要求

经过40多年的发展，我国高校为社会培养了很多生态环保人才。我国生态环境质量持续好转，出现了稳中向好的趋势，但成效并不稳固，对高质量的生态环保人才仍有很大需求。培养新形势下生态环保所需的新型人才，需要创新组织管理机制，完善组织管理思路，提升管理能力，增强从生态环境获得收益的能力。这对我国生态环保人才培养提出了一系列新的要求。

1）多学科融合，构建生态环保人才的跨学科知识和理论体系。生态系统管理需要跨学科复合型环境社会学人才。生态环保人才既要了解生态系统的组成、结构、功能、过程等，也要了解生态系统管理活动的规则、影响生态系统的人类经济活动与发展、工业活动、人类环境行为和公共资源管理等。这就要求生态环保人才不但要有扎实的生态

---

① 该部分内容主要来源于环保公益性行业专项“生态系统管理方式下的环境管理体制研究”的成果。

学、地理学、环境科学的功底，也要有丰富的经济学、行为学、社会学、管理学等方面的基础。因此，高校需要注重增强生态环保人才融会贯通不同学科间知识、理论和方法的能力。

2）转变教育观念，培养生态环保人才使其具有生态文明新思想。生态环保人才需要树立人与自然和谐共生的科学理念，树立可持续发展的生态文明价值观。高校要通过环境教育来引导学生正确认识人与自然的关系，正确把握生态环境保护和经济发展的关系，扭转只重视短期获益的竭泽而渔式的发展观，有意识地控制人对自然资源掠夺式开发的盲目行为。

3）培养生态环保人才的环境素养，提升其综合决策支持能力。生态环保人才培养的专业设置中，要在工程技术、科学知识的基础上，考虑融入人文精神要素，让学生学会以全面综合的角度看待和解决问题。专业课教师应在课程教学中自觉地把人文精神渗透进去，让学生在专业学习和技能培训的同时形成全面系统地思考问题的思维方式。

4）强化实践锻炼，培养和提高生态环保人才解决现实问题的能力。生态环保类专业实践性强，在生态环保人才培养中，应该对实践教学环节进行顶层设计和统筹规划，强调掌握相关专业领域实际工作的基本技能的重要性，增加实验、实践、实习和社会活动的比重，培养学生解决现实问题的能力。实践和实习的企业和单位要有针对性，要让学生在实践和实习过程中了解社会对生态环保人才的实际需求，掌握基本知识和技能。

5）增加跨界交流和国际交流机会，培养生态环保人才的洞察力和国际视野。环境问题不仅是技术问题，更是社会问题；不仅是当地问题，同时也是全球性的世界问题；归根结底是人类社会发展的综合问题。因此，生态环保人才的视野不能仅仅局限在生态环境本身，也不能仅仅局限在本地与本土。解决复杂的生态环境问题，需要增加跨学科、跨领域、跨部门、跨界和跨国度的合作与交流，这也是培养生态环保人才具有敏锐洞察力和宽阔国际视野的方式和方法，有助于帮助生态环保人才汲取最需要的生态系统管理经验，启发环境智慧。

6）鼓励推陈出新，培养创新的思维、精神和能力。现有的生态环保队伍存在知识老化和专业面狭窄的瓶颈，急需具有综合决策、综合治理和开拓能力的人才。这需要造就一大批走在科技前沿的领军人才、具有综合决策能力的跨学科管理人才，以及具有综合生态环境治理能力的复合人才。为此，要加强产学研结合，改善人才培养模式；优化人才成长环境，增强人才研发能力；激发人才创新思维、创新精神和创新能力。

7）加强团队建设，通过组织管理创新增加生态收益。生态环保人才培养要强化团队意识、多学科协同，以应对复杂的生态环境问题。由于生态系统管理工作总是处在不断变化的动态环境中，所遇情况多是无先例可循的，每一位管理者都要不断去探索新方法，找出新模式，以提升生态环境治理的质量。

为加强生态环保人才队伍建设，满足国家中长期生态环保事业发展的需要，2011 年环境保护部、国土资源部、住房和城乡建设部、水利部、农业部、国家林业局和中国气象局联合发布《生态环境保护人才发展中长期规划（2010—2020 年）》。该规划制定的生态环保人才队伍建设的主要任务是，以高端人才为引领，统筹推进生态环保党政人才（包括党政机关管理人才和监察执法人才）、专业技术人才（包括科研人才、监测人才和信息与宣教人才）、产业与工程技术人才（包括生态环保产业经营管理和技能人才、工程技术人才）队伍建设，并重点突出生态环保急需紧缺专业人才（包括核与辐射安全监管、新型污染物防治、水土农林资源防护与治理、环境健康、人居环境和气候变化等）和中西部、基层生态环保人才队伍建设。其中，专业技术人才队伍建设中涉及的监测、信息，产业与工程技术人才队伍建设中涉及的生态环保产业技能、生态环保产业工程技术等方面，是我国高校环境院系专业设置的主流和人才培养的传统领域，面临着如何提高人才培养质量的问题。

综上所述，当前和未来中国社会发展对生态环保人才的需求包括三类：第一类是生态环保工程技术人才，主要是环境监测、信息服务、产业与工程人才；第二类是水土农林资源防护与治理人才；第三类是具有综合决策能力的符合生态系统规律要求的跨学科复合型生态环境管理人才。目前我国社会对这类急需紧缺人才的基本定位是，具备跨学科知识背景的学科视野、创新的思维能力，具有团队合作意识和综合决策能力等，主要涉及核与辐射安全监管、新型污染物防治、环境健康、人居环境和气候变化等领域。这样的人才类型和专业需求，对我国高校生态环保人才培养提出了全面的挑战。

2.1.2　我国生态环保人才培养现状和存在的问题

为了解我国生态环保人才培养现状和存在的问题，选取全国排名前 20 位的大学环境院系负责人才培养事务的业务领导，进行了面对面的访谈①，涉及本科生和研究生培养，主要关注 5 个问题：

1）本校环境院系的成立和发展背景，以及目前本校环境学科的特点；

2）本校环境院系人才培养方向是否统筹考虑到了跨学科复合型人才，或环境社会学人才的培养问题；

3）本校环境院系人才培养是否考虑到规划搭建产学研平台和建设国内外联合培养平台，有针对性地培养社会建设需要的人才；

① 该访谈由北京师范大学田青老师团队于 2012 年 7 月至 2013 年 1 月进行。

4）本校环境院系在师资管理和师资专业素养方面有哪些能体现“产学研结合”“结合重点项目、重大课题，有计划、有目的地对科研人才进行培养”的举措；高校环境院系的科研与本科生和研究生培养之间的关系，有哪些能体现“结合重点项目、重大课题，有计划、有目的地对环境科研人才进行培养”的举措；

5）《生态环境保护人才发展中长期规划（2010—2020年）》给高校环境院系指出了未来10年生态环保人才需求的方向，本校目前的人才培养和社会需求之间的反馈机制是否能反映真实的社会需求，在多大程度上根据社会需求进行方向调整。

通过对23个高校环境院系和环境科研院所进行调研得出以下结论：

1）我国高校环境院系以培养和输送环境工程技术人才为主。环境工程技术人才被当作“万能药”，由高校环境院系输送给公司企业、环境科研院所、各级生态环境部门、各类高等院校的环境专业，以及基础教育的中学教师岗位和课外社会教育工作岗位。这种单一的人才产出和人才“万金油”式的输送方式，不利于具有环境管理等复合知识人才的培养，将会对环境学科专业的发展、国家社会管理，以及我国的基础教育和社会教育，产生长远的负面影响。

2）我国高校环境院系的环境社会学等学科尚未得到充分发展，跨学科复合型人才培养机制缺失。我国高校环境院系学科发源多样化，但专业与课程及人才培养模式却高度雷同。就环境社会学类型专业而言，北京大学有环境法学，中国人民大学在公共事业管理专业有环境经济学方向，复旦大学有环境管理专业，南开大学有环境管理与经济专业。根据对复旦大学和南开大学的访谈了解到，复旦大学的环境管理专业以环境经济学为主，南开大学的环境管理与经济专业主要涉及环境影响评价领域，只是对环境经济学和环境管理有所侧重。这些专业与真正意义上的环境社会学专业有较大差距。由于这4所高校有自主设置二级学科专业的权利，或可通过自设专业或方向逐步发展其在环境社会学领域的专业，培养此类国家和社会急需的复合型跨学科人才。而对于更多没有学科专业设置自主权的高校，专业目录和规范未触及环境社会学领域，环境院系就不可能设置该专业，更谈不上培养该类生态环保人才了。只能通过调整教育部学科专业目录实现。

3）我国高校环境院系人才培养模式需要再改进。首先建立和建设有利于生态环保人才培养的产学研平台是广受欢迎的，但亟待加强。建设产学研平台，与社会和市场接轨，来培养社会需要的人才，是高校环境院系的共识。但是有这样资源和保障的高校环境院系较少，真正能做到的更少。学生参与的实践和实习既有真正的产学研结合的实践，也有各种方式的伪实践，如以讲座代实践，或由学生自行解决各自的实践和实习。其次依托课题可以培养硕士及以上学历生态环保人才，但这种方式尚不能全面覆盖到本科层面。本科生依托课题研究的培养方式是由研究条件决定的，并不是所有高校都能以这种方式培养本科生，也不是高校环境院系的所有本科生都能普遍以这种方式得到培养。

4）我国高校环境院系在社会需求与校内人才培养之间的关联有待加强。访谈中，各高校都表示会按照社会需求来决定培养目标、课程设置等。但并没有看到高校环境院系是依据哪些“社会需求”信息调整培养目标、相关课程设置和培养方式的。受到关注的学生就业反馈信息，只是作为就业率统计情况成为环境院系办得好的证据，并不能直接作为社会需求的相关信息，高校环境院系人才培养也没有根据学生就业反馈进行调整。

2.1.3　我国高校环境学科专业分布现状

从教育部环境学科（特指专门化的环境学科，而不是“大环保”概念下的环境学科）的专业目录看，环境社会学方面的专业较少。对高校环境院系实地访谈可以发现，在环境院系里发展环境社会学专业，受到环境学科目录和专业规范的限制非常大，自主余地极少。因此，环境学科的发展是僵化的，除非修改学科专业目录，否则难有机会发展环境社会学等社会急需紧缺的专业。

根据教育部近年颁布的有关高等教育学科建设方面的系列文件，通过梳理发现：有专业自主设置权的高校，在环境一级学科名下已经开始有了一些环境社会学的二级学科，比如环境经济学、环境管理学，甚至过去被认为是“敏感”领域的环境健康专业等；探讨环境学科源头和“脱胎”问题的环境生态学这种基础性学科专业，也开始出现。

但是除了环境一级学科，其他“大环保”概念下的一级学科名下，通过少数高校自主设置二级学科的方式，已经出现了大量环境社会学专业，主要分布在“大环保”概念中涉及的农林牧渔、地理、化学、土木工程等一级学科名下，在经济、社会管理等一级学科领域也开始发展。

总之，就狭义的环境学科而言，由于被学科专业目录和课程规范严格约束，各高校专门的环境学科尽管发源不同，但专业设置和培养模式相似，只有程度和水平高低的差异，没有本质区别。专门的环境学科被束缚在单一工程技术领域，下属二级学科的发展单一而僵化，无法进行跨学科领域的发展和社会服务。学科专业和课程规范的制定对市场需求、就业反馈等不敏感或不重视。市场对人才的需求和学科发展、专业设置与调整、专业课程设置之间的反馈关系有待加强。

在“大环保”概念下的农林牧渔、生物、地学、土木工程等一级学科，已经发展了文科和理科、自然科学和社会科学领域的环境类二级学科，这些学科跨度大，且与环境学科特点相称，具有跨学科发展的潜力和学科视野。

2.2 基于需求方（用人单位）的生态环保人才建设[①]

2.2.1 生态环保人才指标体系构建

当前和今后一段时期，我国生态环境保护面临着新的形势，生态环境保护人才队伍建设还存在很多不相适应的问题。贯彻落实习近平生态文明思想，加快生态文明建设和生态环境保护，对生态环保人才队伍建设提出了新的更高要求，迫切需要深入研究和实施生态环境保护人才战略。然而，现有的生态环保人才分类和统计指标体系，无论是分类标准、指标设计，还是统计范围等都存在许多问题，无法满足生态环保人才建设工作的需要。为加强生态环保人才队伍建设，为生态环保人才队伍建设提供基础，迫切需要制定科学合理的生态环保人才分类与统计指标体系。

（1）构建目标

在现有生态环保人才队伍统计工作的基础上，从分类体系和统计体系两个方向，从生态环保人才的高等教育培养与生态环保人才的业务两个方面，建立我国生态环保人才分类和统计指标体系，为分析生态环保人才队伍现状和特点以及编制生态环保人才规划奠定基础。

为更好地实施人才强国战略，加强人才队伍建设，为实现全面建成社会主义现代化强国的第二个百年奋斗目标提供坚强人才保障，其中的一项重要任务就是建立和完善生态环境保护领域人才资源统计指标体系，开展人才资源调查，摸清“人才家底”。为了落实中央组织部的部署和要求，为生态环保人才队伍建设提供基础，迫切需要制定科学合理的生态环保人才资源统计指标体系。

（2）构建原则

以《国家中长期人才发展规划纲要（2010—2020 年）》为指导，以加强生态环保人才教育培养和调查统计生态环保领域人才队伍基本情况为目标，以统计指标的科学性、实用性、可比性（可测性）、延续性、数据可得性等为基本原则，在现有生态环保人才统计工作的基础上，建立生态环保人才分类和统计指标体系。具体确定原则如下：

1）科学性原则：指标体系的设计要尽量科学合理，符合生态环保人才本身的性质、特点和真实情况。

2）实用性原则：指标体系要繁简适中，在能基本保证评价结果的客观性、全面性的条件下，指标体系尽可能简化，减少或去掉一些不重要的指标。

3）可比性原则：指标体系的设计，必须注意各地区、各部门的一致性，以便于相

① 该部分内容主要来源于 2010 年环境保护部关于生态环保人才战略的研究成果。

互比较。对于定量指标，应是可度量的、已经取得了共识的量测方法；对于定性指标，其定义应是被普遍接受的。

4）延续性原则：随着社会经济的发展，指标变化较大。因此，需要注意各个指标在不同时期的相互衔接和相对稳定，以便于分析、研究生态环保人才队伍发展变化的规律性。

5）数据可得性原则：统计指标所需的数据必须易于采集，其信息来源渠道必须可靠。否则，统计工作难以进行或代价太大。

（3）构建结果

在目前生态环保统计基础上，建立了生态环保人才资源统计指标体系框架，如表2-1所示。从横向看，生态环保人才资源统计指标体系分为基础指标、分析指标和核心指标3类。

1）基础指标指实施统计调查时可获取数据的指标，一般为绝对量，共有19项。

2）分析指标是指根据统计分析的需要，对基础指标进行相应计算所获得的指标，一般为相对量，共有15项。

3）核心指标是指可用于衡量、评估和统计人才资源基本情况的绝对量或相对量指标，共有8项。

从纵向来看，生态环保人才资源统计指标分为规模指标（总量）、结构指标（职称、学历、年龄、专业）、分布指标（层级、地区、机构、业务）、流动指标（流入、流出）、培养指标（培训、教育）等5类。其中：

1）人才总数量，指各单位从事生态环保工作的人才队伍数量。反映了生态环保人才队伍的规模。

2）女性人才数量，可以反映生态环保人才队伍中男女比例。

3）党政人才数量，指在国家党政机关、群团组织中从事行政管理或事务管理工作，具有一定知识或技能，取得一定工作业绩，得到群众认可的国家公务员和机关工作者的数量。

4）专业技术人才数量，指在专业技术岗位上工作的人才数量。反映了从事生态环保专业技术（监测、科研、宣教、信息等）工作的人才规模。

5）少数民族人才数量，可以反映生态环保人才队伍中少数民族人才比例。

6）职称，主要分为高级、中级、初级职称，分别指按现行专业技术职务任职资格序列，受聘高级、中级、初级专业技术职务岗位的人才。高级职称人才比例反映了生态环保人才队伍的素质情况。

7）学历，指生态环保人才在教育机构中接受科学、文化知识训练的学历、经历，以经教育行政部门批准，由具有国家认可的文凭颁发权利的学校及其他教育机构所颁发的毕业、学历证书为凭证。硕士及以上学历人才反映了生态环保人才队伍的接受教育水平。

8）年龄，指生态环保人才队伍的年龄构成情况。

9）专业，指生态环保人才教育机构中接受科学、文化知识训练的专业领域，以经教育行政部门批准，由具有国家认可的文凭颁发权利的学校及其他教育机构所颁发的毕业、学历证书为凭证。不同专业人才数量反映了生态环保人才队伍对某一专业背景人才的需求。

10）层级分布，指生态环保人才在中央、省（区、市）、市（地、州）、县（市、区）、乡（镇、街道）的分布情况。在不同层级工作的生态环保人才数量，反映了各级生态环保人才队伍配置是否合理。

11）机构分布，生态环保机构指环境执法、环境监测、环境监察、环境科研、环境信息、环境宣教等机构。在不同机构工作的生态环保人才数量反映了对生态环境保护工作不同领域的重视情况。

12）地区分布，包括 31 个省（区、市）和新疆生产建设兵团。不同地区生态环保人才数量反映了生态环保人才的区域分布。

13）业务分布，包括水污染防治、大气污染防治、自然环境保护、核辐射与安全以及其他业务领域。在不同业务领域工作的生态环保人才数量可以反映目前主要的生态环境问题以及生态环境保护工作的重点。

14）流入和流出，反映了生态环保人才流动情况。流入，指从其他单位办理了调入手续（录聘用、军转干部安置、调入、其他），到本单位工作的人员。流出，指从本单位办理了调出手续（解除合同、退休、调出、辞职、辞退、开除、其他）的人员。

人才流动率就是某一时段生态环保人才流入或流出数量占所在单位人才总量的比例。

15）培训，指岗位培训、任职培训、专门业务培训、其他培训等。参加培训人次、培训时数和培训投入可以反映生态环保人才管理机制情况。

表 2-1　生态环保人才资源统计指标体系

类别	基础指标	分析指标	核心指标
规模	1. 人才总数量 2. 女性人才数量 3. 党政人才数量 4. 专业技术人才数量 5. 少数民族人才数量	1. 人才增长率 2. 女性人才比例 3. 党政人才比例 4. 专业技术人才比例 5. 少数民族人才比例	1. 人才增长率 2. 生态环保人才占总人口比例 3. 专业技术人才比例
结构	6. 职称 7. 学历 8. 年龄 9. 专业	6. 不同职称人才比例 7. 不同学历人才比例 8. 不同年龄人才比例 9. 少数民族人才比例	4. 硕士及以上学历人才比例 5. 高级职称人才比例

类别	基础指标	分析指标	核心指标
分布	10. 层级分布 11. 机构分布 12. 地区分布 13. 业务分布	10. 各层级人才所占比例 11. 各机构人才所占比例 12. 各地区人才所占比例 13. 不同业务人才所占比例	6. 不同地区人才所占比例
流动	14. 人才流入 15. 人才流出	14. 人才流动率	7. 高级专业技术人才引进数量
培养	16. 培训时数 17. 培训人次 18. 培训类型 19. 培训投入	15. 不同培训类型的人才比例	8. 培训总人次

2.2.2　我国生态环保人才体系分类与培养环节

根据 2.2.1 节中的人才指标分类和我国生态环保人才性质及其分布特征，从主体上将生态环保人才分为“三大人才体系”：一是党政人才，指公务员以及在参照《公务员法》管理的群团机关和派出机构从事综合管理与监督执法的工作人员；二是专业技术人才，指具有专业技术职称或没有专业技术职称但在专业技术岗位上工作的人员，包括从事生态环境科学研究、生态环境宏观决策、生态环境监测、生态环境信息、生态环境宣教等工作的专业技术人才；三是产业和工程技术人才，指从事生态环保产品生产、设备研发制造、环境咨询服务等生态环保工作的经营管理人才、工程技术和技能型人才（表 2-2）。

表 2-2　生态环保人才工作机构和从事职业分类体系

一级	二级	三级	四级
生态环保人才分类体系	党政人才	行政人才	公务员
		事业人才	参照公务员管理人才
			其他事业人才
		其他人才	
	专业技术人才	生态环境科学研究人才	基础科学研究人才
			应用技术研究人才
			工程技术设计开发人才
		生态环境宏观决策人才	环境规划人才
			环境政策人才
			环境标准人才
			环境评估人才
			国际合作人才

一级	二级	三级	四级
生态环保人才分类体系	专业技术人才	生态环境监测人才	
		生态环境信息人才	
		生态环境宣教人才	环境培训人才
			环境出版人才
			环境报社人才
			环保学校人才
			环保社团人才
			环境非政府组织人才
		其他人才	
	产业和工程技术人才	生态环保产品生产人才	
		设备研发制造人才	
		环境咨询服务人才	工程设计咨询人才
			环境管理咨询人才
			环境影响评价咨询人才
		其他人才	

注：生态环保人才分类体系主要依据人才所在工作机构和所从事职业进行划分。

按所从事的专业领域分，生态环保人才主要有5类：一是水环境保护人才，包括地表水污染防治、地下水污染防治和其他专业人才；二是大气环境保护人才，包括大气污染防治、应对气候变化和其他专业人才；三是生态保护与建设人才，包括自然保护区管理、水资源保护与水土保持、矿山环境保护、地质灾害防治、城市园林绿化、野生动植物保护、湿地与草原保护、荒漠化防治、农村环境保护、生态农业、渔业生态环境保护、生物多样性保护、生物物种资源保护、生物技术安全管理和其他专业人才；四是核与辐射安全监管人才，包括核安全监管、辐射环境监管和其他专业人才；五是其他生态环保专业领域人才，包括固体废物污染防治、噪声与振动污染防治、土壤污染防治和其他专业人才（表2-3）。

表2-3 生态环保人才从事业务领域分类体系

一级	二级	三级	四级
生态环保人才分类体系	水环境保护人才	地表水污染防治	河流、湖泊水污染防治
			饮用水水源地水环境保护
			近岸海域水环境保护
			水环境监测
		地下水污染防治	地下水污染防治
			地下水环境监测
			水工环境地质研究
		其他	

一级	二级	三级	四级
生态环保人才分类体系	大气环境保护人才	大气污染防治	城市区域大气污染防治
			机动车污染防治
			大气环境监测
		应对气候变化	
		其他	
	生态保护与建设人才	自然保护区管理	
		水资源保护与水土保持	
		矿山环境保护	
		地质灾害防治	
		城市园林绿化	
		野生动植物保护	
		湿地与草原保护	
		荒漠化防治	
		农村环境保护	
		生态农业	
		渔业生态环境保护	
		生物多样性保护	
		生物物种资源保护	
		生物技术安全管理	
		其他	
	核与辐射安全监管人才	核安全监管	
		辐射环境监管	
		其他	
	其他生态环保专业领域人才	固体废物污染防治	工业固体废物
			危险废物
			生活垃圾
			化学品与新化学物质
		噪声与振动污染防治	
		土壤污染防治	
		其他	

注：生态环保人才分类体系主要依据人才所从事的专业领域进行划分。

牢固树立人才资源是第一资源的理念，遵循以用为本、高端引领、优化发展的原则，以党政人才、专业技术人才、产业和工程技术人才为主体，以高层次创新型人才、急需紧缺专业人才和基层实用人才为重点，以重大人才工程项目为依托，不断扩大人才队伍的数量，提高人才队伍的素质，优化调整人才队伍结构，加强高端人才开发培养，实施人才体制机制创新，提升人才发展的基础保障能力，做好生态环保人才培养“五大关键环节”，使未来一段时期我国生态环保人才队伍建设呈现全面推进、重点突破的局面。

2.2.3 我国生态环保人才预测方法研究

（1）预测思路

生态环保人才的需求预测应当考虑国内外生态环境保护的严峻形势和国家宏观战略对生态环保人才队伍建设的要求，突出 7 个重点领域①。从人才总量、业务领域和区域结构等方面预测生态环保人才队伍的需求。具体预测时，不同领域的生态环保人才队伍的需求预测按各部门自身的实际需求进行。具体预测思路和方法如下（图 2-1）：

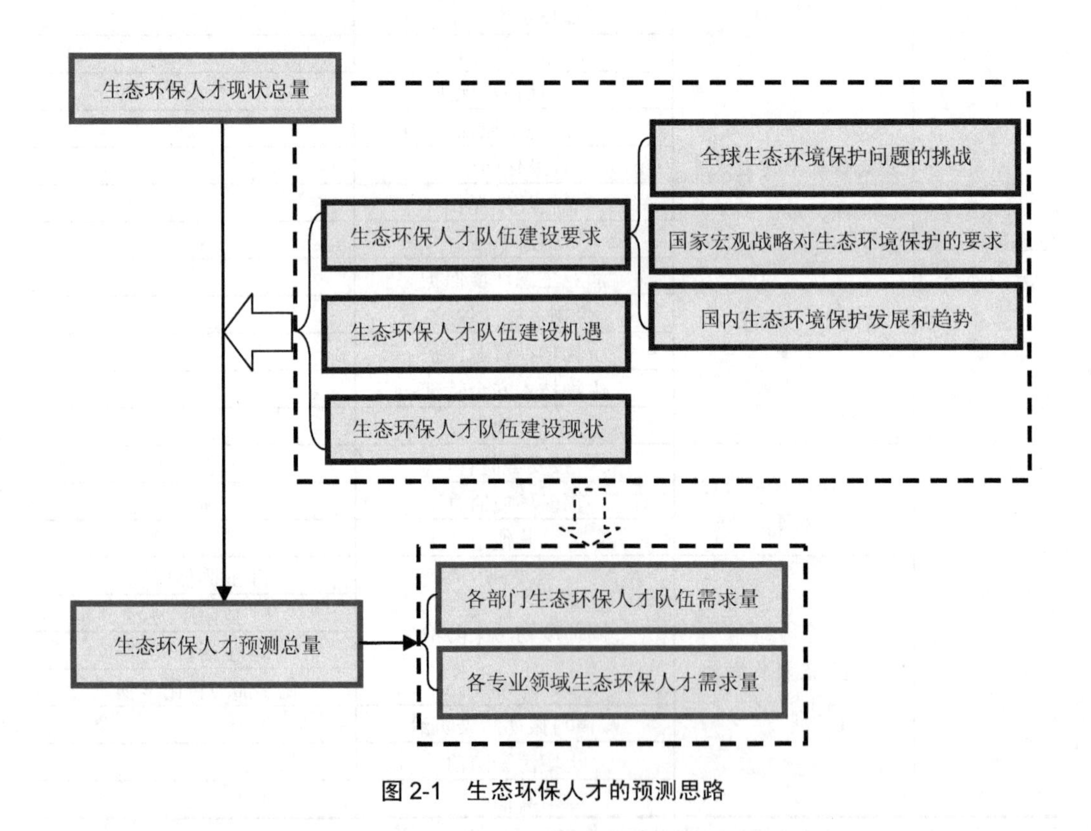

图 2-1　生态环保人才的预测思路

根据历年生态环保人才增长速度，结合现有人员配置计划和存量状况，确定生态环保人才总量预测公式如下：

$$P_e = P_0 \times (1+r)^n \tag{2-1}$$

① 以饮水安全和重点流域治理为重点，加强水污染防治；以强化污染防治为重点，加强城市环境保护；以降低二氧化硫排放总量为重点，推进大气污染防治；以土壤污染防治为重点，加强农村环境保护；以促进人与自然和谐为重点，强化生态保护；以核设施和放射源监管为重点，确保核与辐射环境安全；以实施国家环保工程为重点，推动解决当前突出的环境问题。

式中，P_e 为预测年份的人口。在此，预测 2015 年和 2020 年生态环境系统人才总量。P_0 为基准年（2010 年）的生态环保人才数。r 为生态环保人才数的年均增长率。2000—2010 年，我国生态环保人才增加非常迅速，每年增长 7%左右，而且近一两年增长速度也较快，由此确定 r 到 2015 年的基本值为 7%；由于我国生态环境问题在“十二五”期间全面显现出来，生态环保人才增长速度也达到顶峰，2015 年后增长速度放慢，因此，2015—2020 年的基本值定为 5%（不同业务领域对生态环保人才需求量不同，一般业务领域按基本值的速度增长，急需紧缺业务领域的增长速度稍快，具体见下文分析）。n 为预测年到基准年的年数。

（2）生态环保人才需求形势分析

1）国际环境形势对生态环保人才队伍建设的新要求。

从国际形势来看，近几十年来，特别是 20 世纪 90 年代以来，追求环境与经济社会发展协调统一、重视和加强生态环境保护，越来越受到国际社会的高度关注。当今，世界生态环境形势具体有以下几个方面的表现：①全球生态环境总体状况恶化，生态环境问题的地区及社会分布失衡加剧。由于经济发展程度、资源环境禀赋、在目前国际经济秩序中的角色、制度与生态环境管理政策等的不同，全球各大区域面临和所要优先解决的主要生态环境问题各有侧重。②少数全球性或区域性生态环境问题的改善取得积极进展，多数进展缓慢或改善乏力。根据联合国环境规划署的全球评估，过去 20 年间，取得积极进展的全球生态环境问题主要是臭氧层破坏和酸雨，但是大多数问题没有得到实质解决，包括气候变化、全球变暖、生物多样性丧失、生态系统服务功能退化、外来物种入侵、淡水资源短缺、水污染严重、土地退化、土地荒漠化、森林面积大幅减少等方面。③各种全球生态环境问题相互交织渗透。首先，全球与区域生态环境问题相互转化，逐渐在区域范围内寻求解决的方案。其次，各种全球性生态环境问题之间的关联性不断增强。④全球生态环境问题与国际政治、经济、文化、国家主权等非环境领域的因素的关系也越来越紧密。

从现在到 21 世纪中叶是全球生态环境变化的关键时期，机遇与挑战并存。在全球化背景下，随着人口和经济增长带来的对环境要素和资源需求与消耗的增长，全球生态环境变迁，空气、水、土地、生物多样性等都将面临更大的压力，这些生态环境问题能否得到改善取决于利益相关者和决策者等的抉择与行动。

中国是一个发展中的大国，2020 年全面建成小康社会目标的实现以及中国在全球政治格局中的地位，对未来的全球生态环境都有很大影响。越来越多的全球生态环境问题与我国国际政治、经贸、社会等方面的联系越来越密切。我国也把生态环境保护作为对外开放的重要领域，坚持“共同但有区别的责任”原则，履行相应的国际义务。这些国际生态环境事务对我国生态环保人才队伍在国际中的作用、功能和地位都提出了更高的要求。具体表现在，我国生态环保人才应当熟悉并掌握国际各类生态环境问题的处理技术、治理手段、监测方法、法律制定、宣传教育、机构设置和管理等方面的先进经验，以更好地处理我国类似生态环境问题；应当了解全球贸易中各项环境规则、环境标准，正确认识我国的生态环境保护进展对全球的贡献，加大国际事务谈判的主动权和决策权，提高解决综合、复杂环境问题的能力。

2）国内环境形势对生态环保人才队伍建设的新挑战。

从国内形势来看，党的十八大以来，党中央把生态文明建设放在突出地位，明确了建设美丽中国、实现中华民族永续发展的长期目标。保护环境已经作为基本国策真正进入了国家政治、经济、文化、社会的主干线、主战场和大舞台，我国生态环保事业迎来了大发展、大繁荣、大推进的历史机遇，但也面临着更高的时代要求。

①正视环境污染客观形势，我国生态环境保护面临严峻时代挑战。

近年来，我国在发展经济的同时，采取一系列措施加强生态环境保护，取得了积极进展。但生态环境形势严峻的状况依然没有改变，一些地区环境污染和生态破坏还相当严重，不少地方老的问题还没有完全解决，新的生态环境问题又不断产生。一是当前环境问题极为严重，污染物超标排放、超总量排放、超环境容量排放的问题相当突出，严重的环境问题已危及群众健康和公共安全，造成严重经济损失。二是目前生态环境问题极其复杂。我国的生态环境问题呈现出压缩型、结构型、复合型的特点，经济增长、社会发展与环境污染紧密关联，工业污染、农业污染、生活污染相互叠加，水污染、大气污染、固体废物污染、土壤污染相互作用，环境污染、生态破坏、自然灾害相互影响。

②展望生态环保工作战略部署，我国生态环保面临艰巨历史任务。

一是污染防治任务繁重。污染防治是生态环保工作的重中之重，面对严峻的环境形势，生态环境部门在确保实现主要污染物减排目标、保障饮用水水源环境安全、改善城市空气环境质量、加强工业污染防治、强化机动车污染防治、加强噪声污染控制、控制温室气体排放、加强固体废物污染防治、强化化学品环境安全管理、加大海洋环境保护力度等方面承担了繁重任务。二是改善生态环境质量任重道远。尽管我国努力采取措施进行生态恢复，但目前生态破坏严重尤其是生态退化的趋势没有根本扭转，显现出“局部治理、整体退化”“局部恢复、总体破坏”态势。生态环境部门在物种资源管理、外来物种入侵防范、资源开发环境保护、生态恢复与重建、农业面源污染防治、土壤污染治理、农村环境综合整治等方面任务艰巨。三是核与辐射安全监管如履薄冰。核与辐射事故的典型特点是灾难性、突发性、敏感性、修复艰巨性，一旦发生所带来的后果难以想象，必须确保核与辐射安全万无一失。目前我国核事件风险增加、核设施老化问题突出、核设施退役和放射性废物处理处置任务日益艰巨，监管难度加大。

③严峻的国内生态环境形势对生态环保人才提出了新的更高要求。

从上述国内生态环境形势的分析可看出，未来我国的生态环保人才数量和质量都需要很大程度的增加和提高。第一，要加大生态环保人才队伍建设的深度。生态环境问题的严峻形势，要求生态环保人才队伍不断提高业务知识水平，生态环保领域各专业需加快发展，提高科技水平，尤其是要不断加强不同专业、不同业务领域高层次、高学历生态环保人才的补充和引进，提升解决不同环境问题的能力，通过高层级人才带动整个生态环保人才队伍的素质的提升。第二，要加大生态环保人才队伍建设的广度。生态环境问题的全面性要求扩大生态环保人才队伍的规模，加强生态环保系统的人才数量和结构调整，以应对现在生态环境问题的复杂性和一些新生态环境问题的出现。生态环保人才培养还应当积极与其他相关学科融合，增强生态环保人才队伍的宏观决策能力，为实现生态环保工作的转变做出贡献。第三，要加强生态环保人才的区域协调。各级生态环保机构要根据当地、部门和区域整体的生态环境状况，提升生态环保人才的知识更新能力、应对突发事件的能力和区域协调能力，实现部门间、区域间的通力合作，解决城市地区、农村地区的环境污染转移问题，统筹地方之间、区域之间以及未来主体功能区之间的生态环境保护。

3）生态环保职能转变对生态环保人才队伍建设的新要求[①]。

①国家生态环保职能的基本定位发生了变化。原环境保护部的基本职能定位为统筹协调、宏观调控、监督执法和公共服务，由过去的单一监督执法职能向监督执法、参与国家的宏观经济决策、统筹协调和为公众提供服务等综合职能方向转变。这一基本职能的转变迫切需要加强环境经济综合决策、公共服务等相应职能上的高层次生态环保人才队伍建设，以适应国家生态环保职能转变的需要。

②生态环保职能领域不断拓宽。《环境保护部主要职责内设机构和人员编制规定》中明确，原环境保护部负责生态环境政策、规划和重大问题的统筹协调；负责环境治理并对生态保护进行指导、协调、监督；承担落实国家减排目标、环境监管的职责。生态环保职能已从单纯强调工业“三废”防治向加强环境污染防治、自然生态保护和核与辐射安全管理三大职能领域转变。在生态环保人才队伍建设中，要充分考虑到生态环保职能领域的转变对各类生态环保人才的需求。

③生态环保职责更加全面，责任更加明确。《环境保护部主要职责内设机构和人员编制规定》明确了原环境保护部的 13 项主要职责。在职能配置上，一是强化了生态环境政策、规划和重大问题的统筹协调，明确了“统筹协调重大环境问题”“指导、协调、监督生态保护”等职责；二是突出了从源头上预防环境污染和生态破坏，明确了规划环

① 该研究成果是在2018年机构改革前，原环境保护部时期形成的，所以形势分析依据的是原环境保护部时期生态环保职能转变情况。

评、区域限批等职责；三是提升了环境监测和预测预警以及应对突发环境事件的能力，明确了环境质量调查评估、环境信息统一发布等职责；四是加强了国家减排目标落实和环境监管，强化了总量控制、目标责任制、减排考核等职责。这些具体职责的确定，特别是责任的承担，对生态环保人才队伍的建设提出了更高要求。

（3）预测参数设定

结合二级业务领域中的急需紧缺专业，根据以上分析，确定各业务领域人才数量的增加速度，如表 2-4 所示。

表 2-4 主要二级业务领域人才数量年均增长率 单位：%

一级业务领域	二级业务领域	2020 年增长速度	2025 年增长速度
环境污染防治	水污染防治	7	5
	大气污染防治	7	5
	固体废物污染防治	7	5
	噪声与振动防治	10	7
	多要素综合污染防治	5	3
	应对气候变化	10	7
	其他	5	3
生态建设与保护	水资源保护	7	5
	水土保持	7	5
	农村环境保护	7	5
	村镇人居生态环境保护	7	5
	土壤环境保护	10	7
	保护区管理	5	3
	矿山环境保护	5	3
	地质环境保护和地质灾害防治	5	3
	城市园林绿化	7	5
	森林生态系统保护	7	5
	野生动植物保护	7	5
	湿地保护	7	5
	荒漠化防治	10	7
	生物多样性保护	7	5
	生物物种资源保护	7	5
	草原保护	39	15
	生态农业	7	5
	渔业生态环境保护	39	15
	生物技术安全管理	39	15
	综合保护领域	5	3
	其他	5	3

一级业务领域	二级业务领域	2020年增长速度	2025年增长速度
核与辐射安全监管	核安全监管	10	7
	辐射环境监管	5	3
	综合监管	5	3
	其他	5	3
环保综合业务领域	规划战略	5	3
	政策法规	5	3
	科技标准	5	3
	环境监测	7	5
	监督执法	5	3
	防灾减灾	5	3
	国际合作	5	3
	环境影响评价	7	5
	信息统计	10	7
	宣传教育	5	3
	新闻出版	5	3
	其他	5	3
行政管理	领导班子	3	1
	党委	3	1
	纪检	3	1
	工会	3	1
	办公	3	1
	后勤	3	1
	人事	3	1
	财务	3	1
	其他	3	1

根据国际环境形势对生态环保人才队伍建设的新要求，我国气候变化、全球变暖、生物多样性丧失、生态系统服务功能退化、外来物种入侵、淡水资源短缺、水污染严重、土地退化、土地荒漠化、森林面积大幅减少等生态环境问题需要特别引起重视，因此这些领域的生态环保人才需要快速增加。根据国内环境形势对生态环保人才队伍建设的新挑战，污染物超标排放、超总量排放、超环境容量排放，工业污染、农业污染、生活污染相互叠加，水污染、大气污染、固体废物污染、土壤污染相互作用等问题需要特别予以重视，物种资源管理、外来物种入侵防范、资源开发环境保护、生态恢复与重建、农业面源污染防治、土壤污染治理、农村环境综合整治等方面任务艰巨，需要增加人才数量；核与辐射安全问题也很突出，需要加强人才建设。根据生态环保职能转变对生态环保人才队伍建设的新要求，一些职能部门的人才工作也需要加强，如环境治理和生态保护、环境监测和预测预警、规划环评、环境质量调查评估、环境信息发布、环境监管等方面。

其他急需紧缺专业（统计调查得出）包括噪声污染防治、草原保护、渔业生态环境保护、生物技术安全管理、荒漠化防治、野生动植物保护、湿地保护、城市园林绿化、应对气候变化、土壤环境保护、核安全监管、信息统计等。

2001—2010 年我国生态环保人才数量年均增速约为 7%，增长速度较快。假设 2011—2015 年、2016—2020 年增速相应减缓，一般二级业务领域在 2011—2015 年按年均 5%的速度增长，在 2016—2020 年按年均 3%的速度增长。同时满足国内外环境形势需要和在统计得出的急需紧缺专业范围内两个急需条件的专业人数，在 2011—2015 年按年均 10%的速度增长，在 2016—2020 年按年均 7%的速度增长；满足一个条件的，在 2011—2015 年按年均 7%的速度增长，在 2016—2020 年按年均 5%的速度增长；行政管理人才在 2011—2015 年按年均 3%的速度增长，在 2016—2020 年按年均 1%的速度增长。几个特殊领域（草原保护、渔业生态环境保护、生物技术安全管理）增加速度更快。

2.2.4 预测结果分析

根据以上预测方法，得出 2015 年、2020 年生态环保人才队伍不同专业的人数，见表 2-5。

表 2-5　生态环保人才队伍各业务领域预测

一级业务领域	二级业务领域	2010 年人数/人	2015 年人数/人	2020 年人数/人
环境污染防治	水污染防治	3 635	5 098	6 507
	大气污染防治	1 467	2 058	2 626
	固体废物污染防治	1 149	1 612	2 057
	噪声与振动防治	263	424	594
	多要素综合污染防治	12 802	16 339	18 941
	应对气候变化	62	100	140
	其他	9 007	11 495	13 326
	小计	28 385	37 126	44 191
生态建设与保护	水资源保护	374	525	669
	水土保持	45	63	81
	农村环境保护	517	725	925
	村镇人居生态环境保护	106	149	190
	土壤环境保护	65	105	147
	保护区管理	554	707	820
	矿山环境保护	131	167	194
	地质环境保护和地质灾害防治	54	69	80
	城市园林绿化	33	46	59
	森林生态系统保护	47	66	84
	野生动植物保护	24	34	43

一级业务领域	二级业务领域	2010年人数/人	2015年人数/人	2020年人数/人
生态建设与保护	湿地保护	25	35	45
	荒漠化防治	11	18	25
	生物多样性保护	75	105	134
	生物物种资源保护	10	14	18
	草原保护	2	10	20
	生态农业	188	264	337
	渔业生态环境保护	1	5	10
	生物技术安全管理	5	26	52
	综合保护领域	2 784	3 553	4 119
	其他	10 964	13 993	16 222
	小计	16 015	20 679	24 274
核与辐射安全监管	核安全监管	114	184	258
	辐射环境监管	1 392	1 777	2 060
	综合监管	1 671	2 133	2 472
	其他	1 696	2 165	2 509
	小计	4 873	6 259	7 299
环保综合业务领域	规划战略	1 138	1 452	1 684
	政策法规	2 016	2 573	2 983
	科技标准	540	689	799
	环境监测	31 171	43 719	55 798
	监督执法	56 537	72 157	83 650
	防灾减灾	638	814	944
	国际合作	103	131	152
	环境影响评价	6 322	8 867	11 317
	信息统计	65	105	147
	宣传教育	2 140	2 731	3 166
	新闻出版	69	88	102
	其他	17 955	22 916	26 566
	小计	118 694	156 242	187 308
行政管理	领导班子	12 006	13 918	14 628
	党委	586	679	714
	纪检	958	1 111	1 167
	工会	493	572	601
	办公	7 684	8 908	9 362
	后勤	3 938	4 565	4 798
	人事	1 236	1 433	1 506
	财务	3 262	3 782	3 974
	其他	9 763	11 318	11 895
	小计	39 926	46 286	48 645

注：该部分内容的数据主要来源于2010年环境保护部关于生态环保人才战略研究的成果。2015年和2020年人数为预测值，不代表实际人数。

通过统计，2010 年我国生态环保人才约为 17.9 万人；预测表明，2015 年我国生态环保人才队伍约为 26.67 万人，2020 年约为 31.07 万人。其中，各业务领域的人才数见图 2-2。

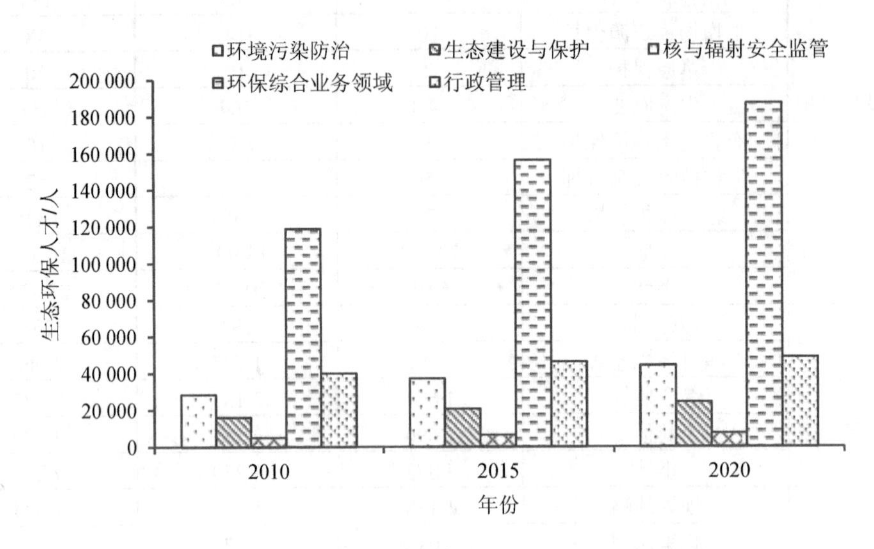

图 2-2　生态环保人才各业务领域数量预测

从图 2-2 可知，生态环保人才数量最多的是环保综合业务领域，2010 年为 11.87 万人，2015 年预计增加到 15.62 万人，2020 年预计为 18.73 万人。行政管理人才也较多，但是增长速度慢，2010 年为 4.0 万人，2015 年、2020 年预测分别为 4.63 万人和 4.86 万人。然后是环境污染防治领域，2010 年为 2.84 万人，2015 年预测为 3.72 万人，2020 年为 4.42 万人。生态建设与保护领域人才相对较少，2010 年为 1.60 万人，2015 年、2020 年预测分别为 2.07 万人、2.43 万人。核与辐射安全监管领域人才最少，2010 年为 0.49 万人，2015 年预测为 0.63 万人，2020 年预测为 0.73 万人。

根据 2015 年度全国生态环保人才资源的统计分析，2015 年我国生态环保系统实有人才 24.20 万人，其中环境污染防治领域人才为 4.64 万人，生态建设与保护人才为 0.77 万人，核与辐射安全监管人才为 0.36 万人，环保综合业务领域人才为 12.29 万人，行政管理人才为 4.36 万人，其他为 1.78 万人。上述预测结果整体有一定的高估。对比发现，行政管理人才数量预测比较准确；生态建设与保护和核与辐射安全监管领域人数高估较多，生态建设与保护领域的人才数量应该是在实际统计时，有一部分被归类到“其他”领域；环保综合业务领域的人才数量也有一定程度的高估；环境污染防治领域的人才数量被低估。

第 3 章　我国生态环境系统人才资源分析

从 2010 年起，环境保护部每年均开展一次对上一年度全国生态环境系统人才资源的统计工作。目前已经形成自 2011 年来连续的生态环保人才资源数据库、年度分析报告和不同年度人才对比分析报告。相关数据和分析报告是贯彻落实《生态环境保护人才发展中长期规划（2010—2020 年）》的重要基础工作。本章重点对 2010 年和 2017 年生态环境系统内部人才资源统计数据进行分析；并结合社会经济、污染排放、环境质量等数据，对比两个年度的数据，对我国生态环保人才变化数据进行深入挖掘。从事生态环保产业的人才资源状况将在第 4 章阐述。

3.1　2010 年全国生态环保人才资源分析

3.1.1　总量情况

根据统计调查，截至 2010 年年底，我国生态环境系统的生态环保人才共 179 362 人；全国每万人口中的生态环境保护人才为 1.34 人。单位国土面积的生态环境保护人才为 186.17 人/万 km^2，其中单位国土面积的环境监测人员为 35.01 人/万 km^2，单位国土面积的环境执法人员为 62.96 人/万 km^2。

3.1.2　结构情况

1）从性别来看，女性生态环保人才共有 63 280 人，占整个生态环境系统人才数的比例为 35.28%（图 3-1）。

2）从民族来看，少数民族生态环保人才共有 12 266 人，占整个生态环境系统人才数的比例为 6.84%（图 3-2）。

3）从年龄结构来看，35 岁及以下的生态环保人才较多，共有 76 645 人，占整个生态环保人才数的 42.73%；36～40 岁的人才为 32 447 人，占 18.09%；41～45 岁的人才为 28 237 人，占 15.74%；46～50 岁的人才为 24 180 人，占 13.48%；51～54 岁的人才为 10 339 人，占 5.76%；55 岁及以上的人才为 7 514 人，占 4.19%（图 3-3）。

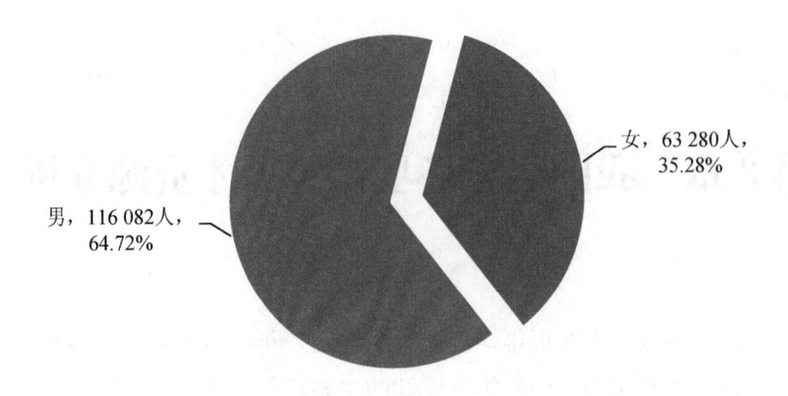

图 3-1　我国生态环保人才的男女比例

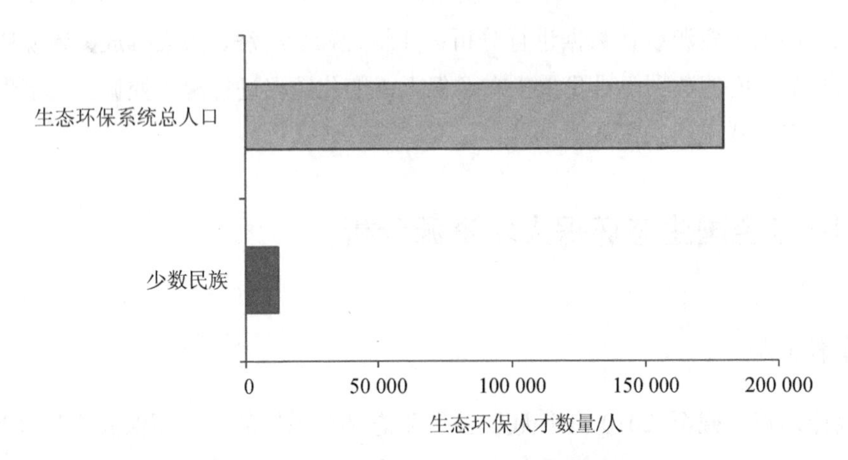

图 3-2　我国生态环保人才的民族分布

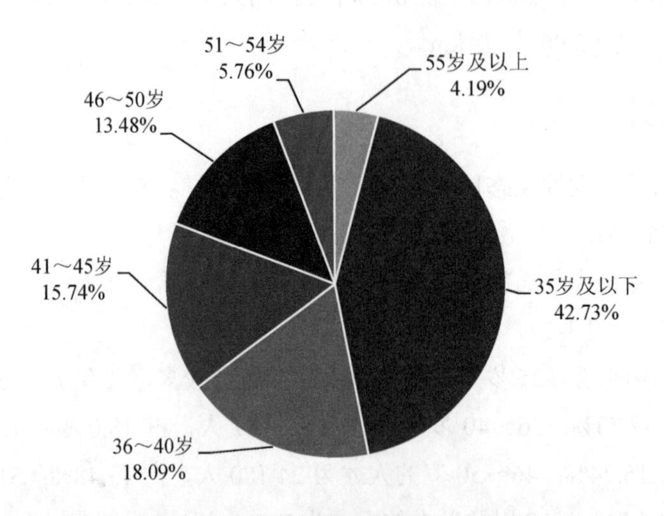

图 3-3　不同年龄段生态环保人才分布

4）专业技术人才中，具有初级以上职称的人才共有 26 585 人。其中，具有高级职称的人才为 8 659 人；具有中级职称的人才为 17 926 人；初级职称人才为 20 735 人，其他人才为 35 913 人，占专业技术人才总数的比例分别为 10.40%、21.54%、24.91%和 43.15%。（图 3-4）。

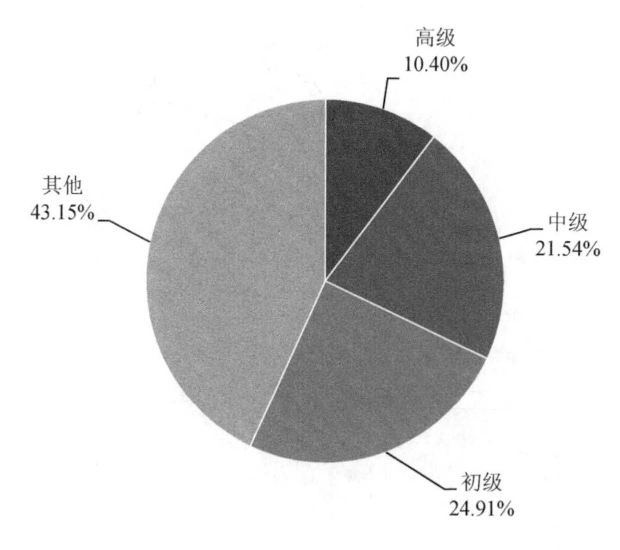

图 3-4　不同职称生态环保人才分布

在女性人才中，具有高级职称的人才为 3 441 人，其中正高 373 人，副高 3 068 人，所占比例分别为 5.44%、0.59%、4.85%；具有中级职称的人才为 8 113 人，占比为 12.82%；具有初级职称的人才为 8 962，其比例为 14.16%；其他人才为 42 764 人，其比例为 67.58%。中级、高级职称女性人才相对较少，其他女性人才数量占比较大（图 3-5）。

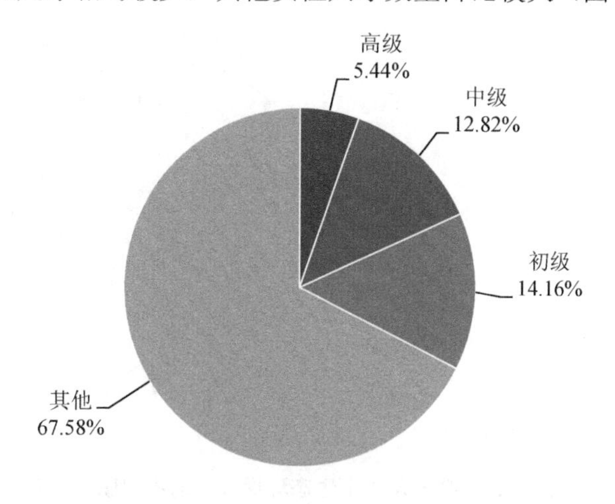

图 3-5　女性生态环保人才的不同职称分布

在少数民族人才中，高级职称人才为 475 人，其中正高级职称人才 58 人，副高职称人才 417 人，占少数民族人才数的比例分别为 3.87%、0.47%、3.40%；中级职称人才为 1 012 人，其比例为 8.25%；初级职称人才为 1 496 人，其比例为 12.20%；其他人才为 9 283 人，其比例为 75.68%。具有职称的少数民族人才较少（图 3-6）。

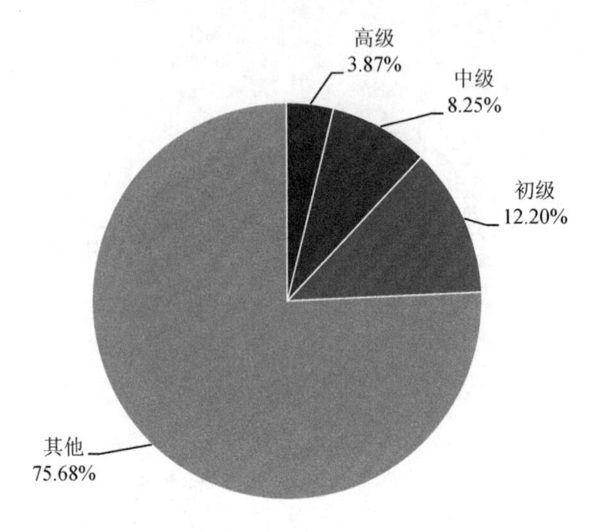

图 3-6 少数民族生态环保人才的不同职称分布

在 40 岁及以下青年生态环保人才中，具有高级职称的人才为 2 547 人，其中正高级 88 人，副高级人才为 2 459 人，所占比例分别为 2.33%、0.08%、2.25%；中级职称人才为 11 360 人，所占比例为 10.41%；初级职称人才为 17 313 人，比例为 15.87%；其他人才为 77 872 人，比例为 71.38%。40 岁及以下人才中具有高级职称的人才数比例很小（图 3-7）。

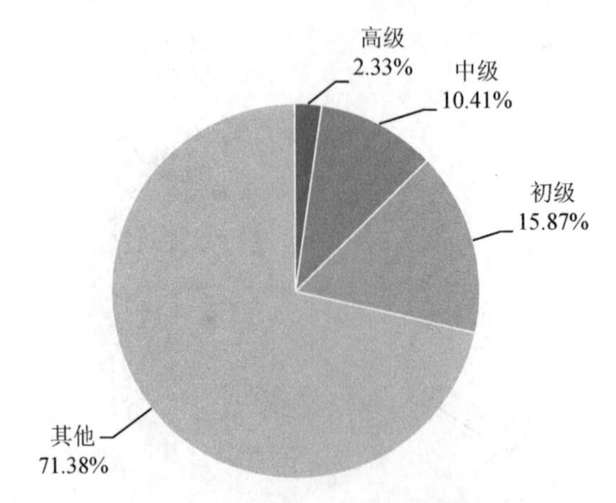

图 3-7 40 岁及以下生态环保人才的不同职称分布

5）从学历来看，具有博士研究生学历的人才很少，为 1 176 人；具有硕士研究生学历的人才也相对较少，有 10 160 人；具有本科学历的人才最多，为 75 143 人；具有专科学历的人才相对较多，为 60 750 人；中专及以下的人才为 32 133 人。各学历人才数占生态环境系统人才总量的比例分别为 0.66%、5.66%、41.89%、33.87%和 17.92%。具有硕士及以上学历的人才数占生态环保人才总量的比例为 6.32%（图 3-8）。

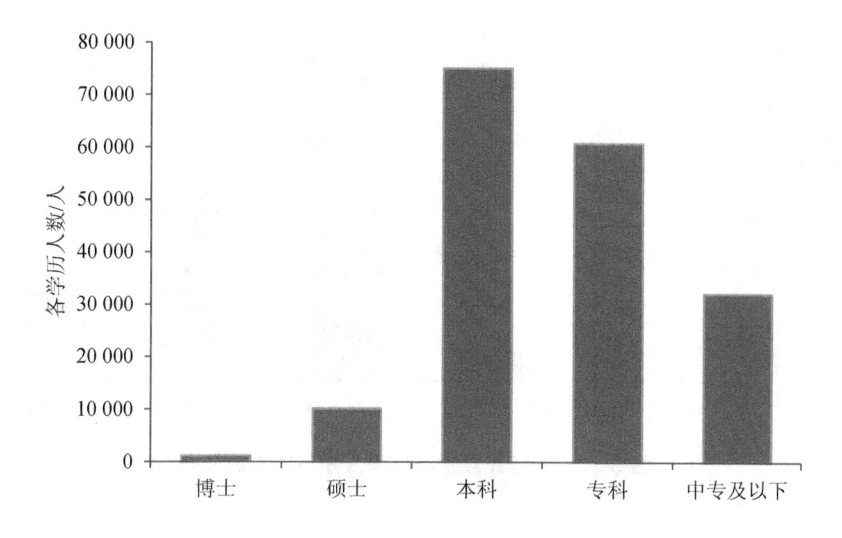

图 3-8　不同学历生态环保人才分布

在女性人才中，具有博士学位的人才为 377 人，所占比例为 0.60%；硕士研究生为 4 219 人，占女性人才数的比例为 6.67%；大学本科人才最多，有 26 836 人，其比例为 42.41%；大学专科人才为 22 118 人，其比例为 34.95%；中专及以下人才较少，为 9 730 人，其比例为 15.38%。具有硕士及以上学历的女性人才数量共占 7.27%（图 3-9）。

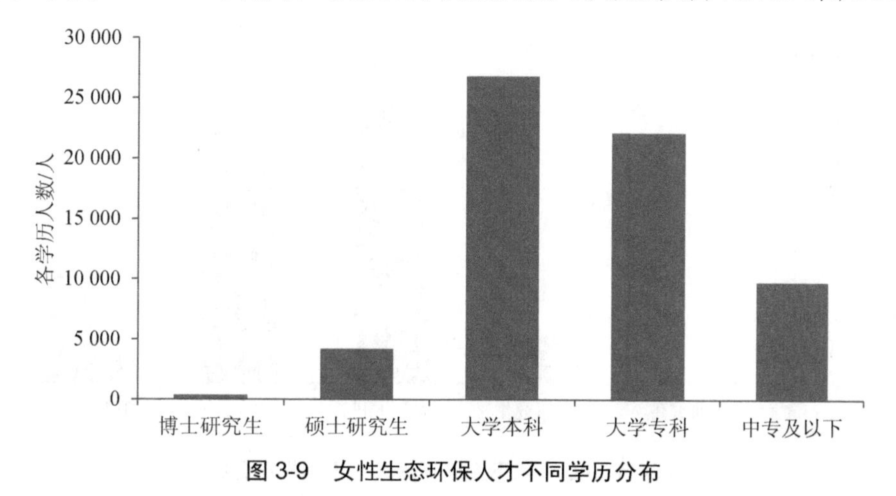

图 3-9　女性生态环保人才不同学历分布

在少数民族人才中，具有博士学位的人才为 57 人，所占比例为 0.46%；硕士研究生为 577 人，占少数民族人才数的比例为 4.70%；大学本科人才为 5 847 人，其比例为 47.67%；大学专科人才为 4 131 人，其比例为 33.68%；中专及以下人才较少，为 1 654 人，其比例为 13.48%。具有硕士及以上学历的少数民族人才数量共占 5.16%（图 3-10）。

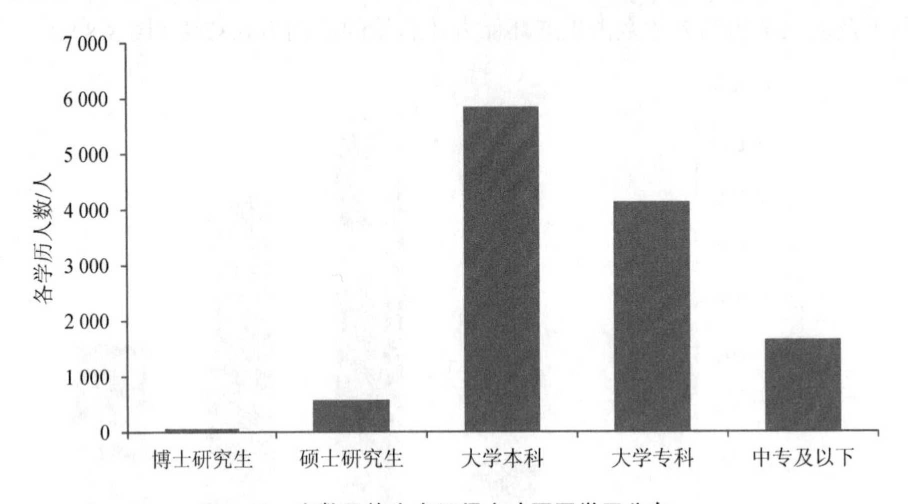

图 3-10 少数民族生态环保人才不同学历分布

40 岁以下青年人才中，具有博士学位的人才为 859 人，所占比例为 0.79%；硕士研究生为 7 788 人，占 40 岁以下人才数的比例为 7.14%；大学本科人才为 50 119 人，其比例为 45.94%；大学专科人才为 33 957 人，其比例为 31.13%；中专及以下人才为 16 369 人，其比例为 15.00%。具有硕士及以上学历的 40 岁以下青年人才数量共占 7.93%（图 3-11）。

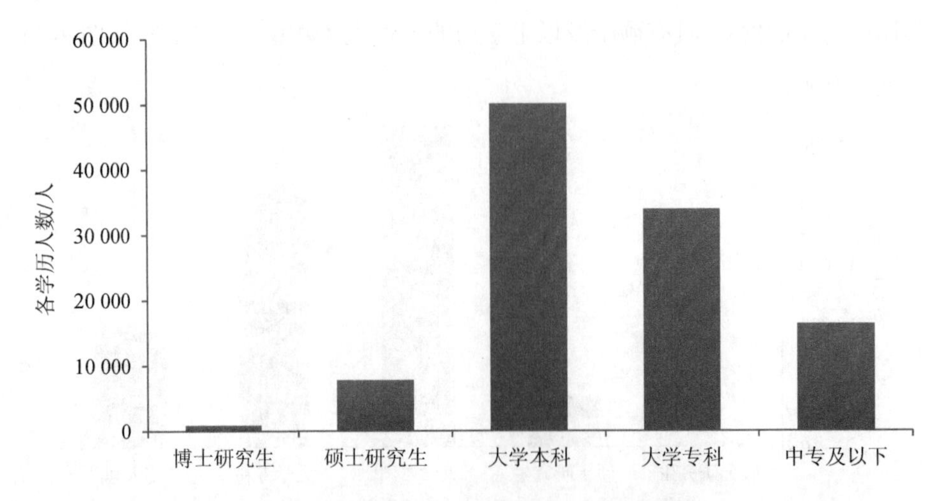

图 3-11 40 岁以下生态环保人才不同学历分布

3.1.3 专业构成情况

1）从不同专业背景来看，具有环境科学、环境工程、环境化学等理工科专业背景的人才相对较少，共约有 74 973 人，占整个生态环境系统人才总量的 41.8%；具有会计学、历史学、哲学、工商管理、社会学、经济学等社会哲学类专业背景的人才较多，共约有 104 389 人，占整个生态环境系统人才总量的 58.20%（图 3-12）。

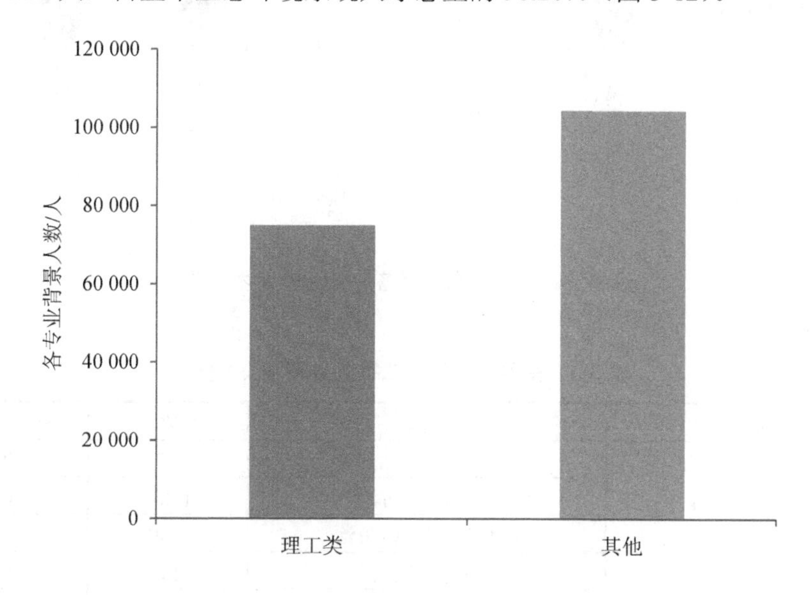

图 3-12 不同专业背景生态环保人才分布

2）从不同业务领域来看，在一级业务领域中，环境污染防治领域人才为 28 385 人，约占人才总量的 15.83%；生态建设与保护人才为 16 015 人，约占人才总量的 8.93%；核与辐射安全监管人才为 4 873 人，约占人才总量的 2.72%；生态环保综合业务领域的人才为 118 694 人，约占 66.18%（其中，监督执法业务领域约有 56 537 人，占生态环保人才总量的比例为 31.52%；环境监测业务领域有 31 171 人，占 17.38%）；行政管理人才为 39 926 人，占 22.26%（图 3-13）。

在二级业务领域中，各专业的人才数量及所占比例如表 3-1 所示。总体上看，噪声污染防治、草原保护、渔业生态环境保护、生物技术安全管理、荒漠化防治、野生动植物保护、湿地保护、城市园林绿化、应对气候变化、土壤环境保护、核安全监管、信息统计等急需紧缺环保专业的人才数量较少。

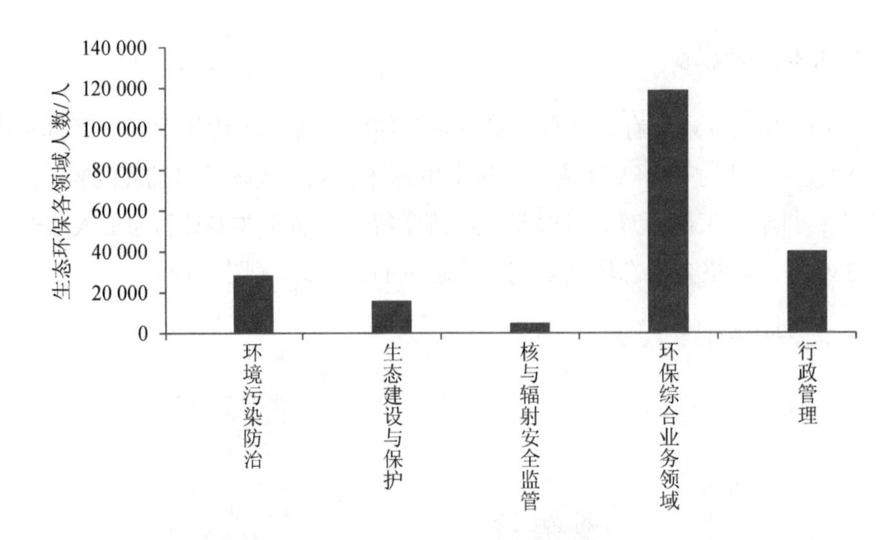

图 3-13 我国生态环保各业务领域人才分布

表 3-1 主要生态环保二级业务领域人才数

一级	二级	人数/人	所占比例/%
环境污染防治	水污染防治	3 635	2.03
	大气污染防治	1 467	0.82
	固体废物污染防治	1 149	0.64
	噪声与振动防治	263	0.15
	多要素综合污染防治	12 802	7.14
	应对气候变化	62	0.03
	其他	9 007	5.02
生态建设与保护	水资源保护	374	0.21
	水土保持	45	0.03
	农村环境保护	517	0.29
	村镇人居生态环境保护	106	0.06
	土壤环境保护	65	0.04
	保护区管理	554	0.31
	矿山环境保护	131	0.07
	地质环境保护和地质灾害防治	54	0.03
	城市园林绿化	33	0.02
	森林生态系统保护	47	0.03
	野生动植物保护	24	0.01
	湿地保护	25	0.01
	荒漠化防治	11	0.01
	生物多样性保护	75	0.04
	生物物种资源保护	10	0.01
	草原保护	2	0.00

一级	二级	人数/人	所占比例/%
生态建设与保护	生态农业	188	0.10
	渔业生态环境保护	1	0.00
	生物技术安全管理	5	0.00
	综合保护领域	2 784	1.55
	其他	10 964	6.12
核与辐射安全监管	核安全监管	114	0.06
	辐射环境监管	1 392	0.78
	综合监管	1 671	0.93
	其他	1 696	0.95
生态环保综合业务领域	规划战略	1 138	0.63
	政策法规	2 016	1.12
	科技标准	540	0.30
	环境监测	31 171	17.38
	监督执法	56 537	31.52
	生态环境防灾减灾	638	0.36
	国际合作	103	0.06
	环境影响评价	6 322	3.52
	信息统计	65	0.04
	宣传教育	2 140	1.19
	新闻出版	69	0.04
	其他	17 955	10.01
行政管理	领导班子	12 006	6.69
	党委	586	0.33
	纪检	958	0.53
	工会	493	0.27
	办公	7 684	4.28
	后勤	3 938	2.20
	人事	1 236	0.69
	财务	3 262	1.82
	其他	9 763	5.44

3.1.4　地域分布情况

1）从生态环保人才在中央和全国31个省（自治区、直辖市）的分布来看，河南的人才最多，为17 807人，占整个生态环保人才总量的比例为9.93%；西藏和新疆的生态环保人才最少，分别为605人和475人，占整个生态环保人才总量的比例分别为0.34%和0.26%。中央级生态环保人才为3 596人，占全国生态环保人才总量的比例为2.00%，如图3-14所示。

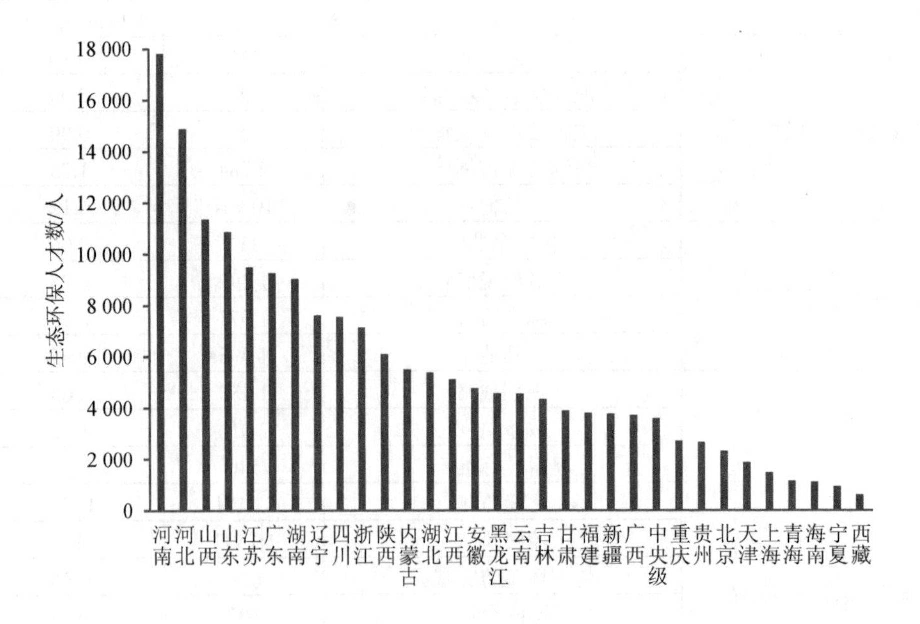

图 3-14 我国各省（区、市）生态环保人才分布

2）从生态环保人才在全国各区域（东部、中部、西部、东北）的分布来看，东部地区生态环保人才最多，为 65 782 人，占生态环境系统人才总量的 36.68%；其次是中部地区，为 53 455 人，所占比例为 29.80%；西部地区略少于中部，有 43 600 人，其比例为 24.31%；东北地区人才最少，有 16 525 人，其比例为 9.21%，如图 3-15 所示。

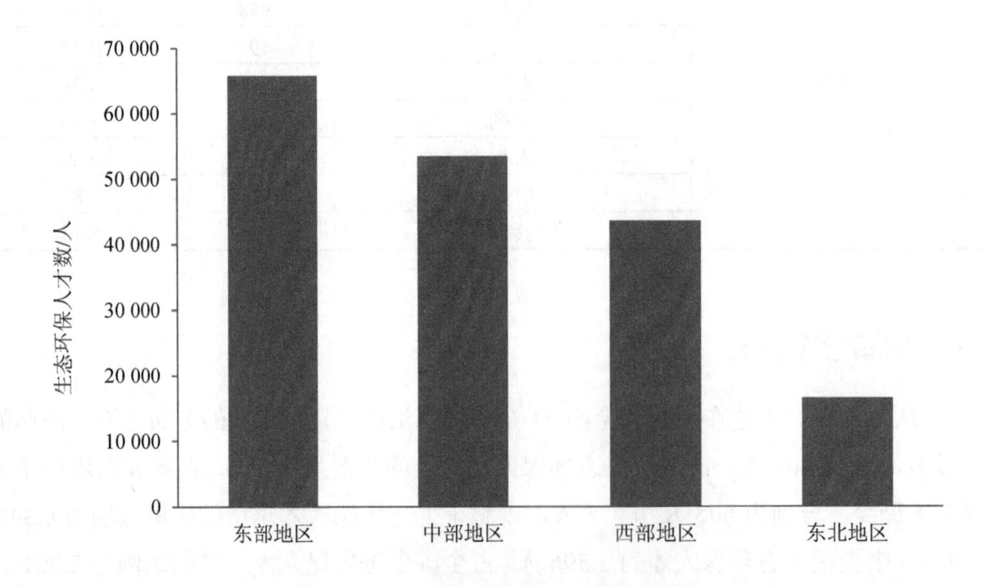

图 3-15 我国各地区生态环保人才分布

3）从生态环保人才在全国主要流域（松花江、辽河、海河、黄河、淮河、长江、珠江、东南诸河、西南诸河、西北诸河十大流域）的分布来看，人数最多的是长江流域，有 50 291 人，占生态环境系统人才总数的比例为 28.04%；其次是海河流域，有 30 861 人，其比例为 17.21%；淮河流域人数居第三位，有 24 388 人，所占比例为 13.60%；黄河流域人数次于淮河流域，有 22 834 人，其比例为 12.73%；珠江流域有 15 502 人，其比例为 8.64%；辽河、东南诸河、松花江、西北诸河生态环保人才依次减少，分别为 10 135 人、8 875 人、8 291 人、6 170 人，其比例分别为 5.65%、4.95%、4.62%、3.44%；西南诸河流域人数最少，仅 2 015 人，其比例为 1.12%，如图 3-16 所示。

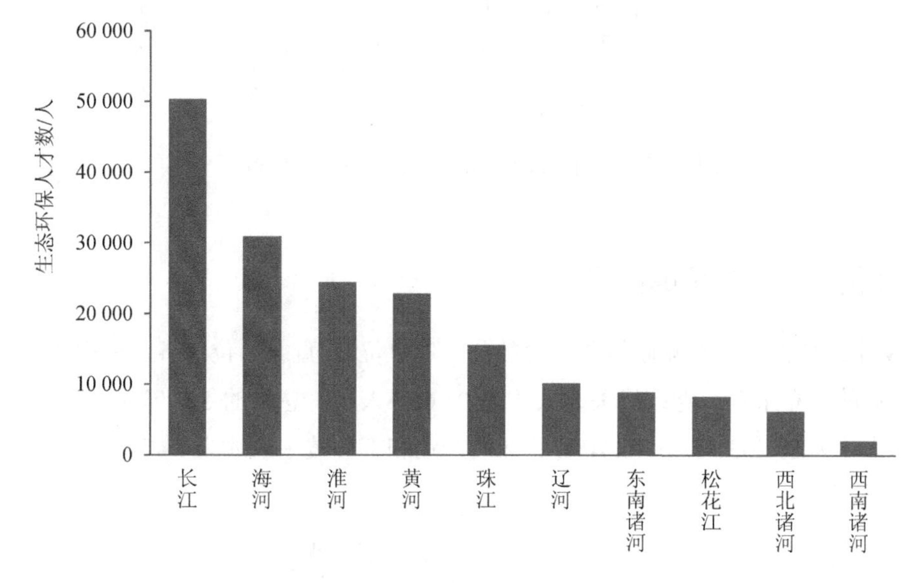

图 3-16　我国各流域生态环保人才分布

4）从生态环保人才在重点城市群的分布来看，京津冀城市群（包含部直属各单位）人数最多，达到 22 646 人，占生态环境系统人才总数的 12.63%；其次是长三角城市群，比例为 10.08%；成渝城市群人数为 8 122 人，占总数比例为 4.53%；珠三角城市群人数为 4 760 人，其比例为 2.65%；山东半岛城市群的人数比珠三角城市群略少，为 4 251 人，其比例为 2.37%；海峡西岸城市群、陕西关中城市群、辽宁中部城市群、山西中北部城市群、武汉及其周边城市群人数相对较少，分别为 3 443 人、3 436 人、3 370 人、3 264 人、2 561 人，所占比例分别为 1.92%、1.92%、1.88%、1.82%、1.43%；长株潭城市群、新疆乌鲁木齐城市群人数都比较少，分别为 1 417 人和 556 人，其比例分别为 0.79%和 0.31%，都不足 1%，如图 3-17 所示。

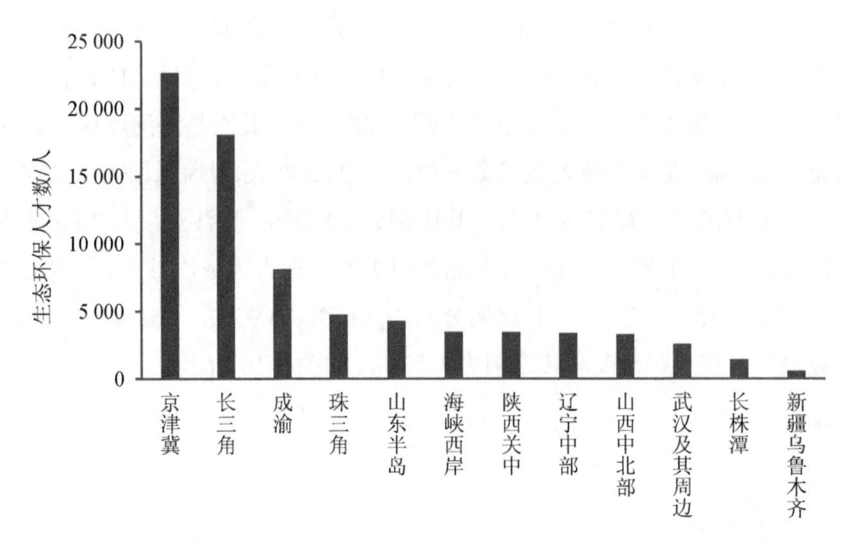

图 3-17　我国各重点城市群生态环保人才分布

3.1.5　不同性质人才构成情况

1）从生态环保人才在党政机关（含参公管理单位）、直属单位（事业单位和社会团体）和企业的分布来看，党政机关的人才为 94 655 人，占总量的 52.77%；直属单位的专业技术人才为 83 233 人，占 46.41%；企业的产业和工程技术人才为 1 474 人，占 0.82%，如图 3-18 所示。

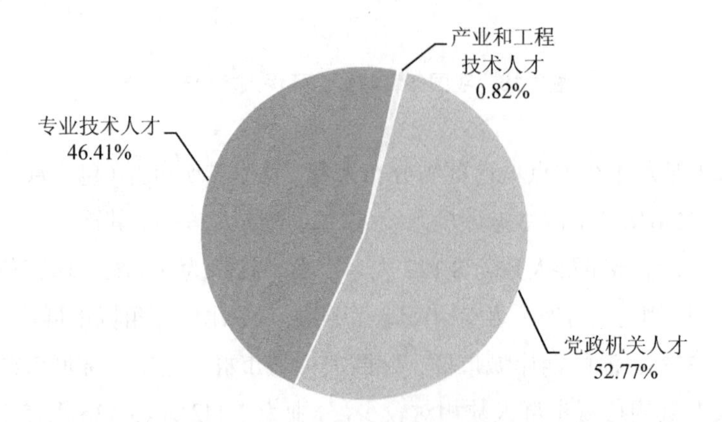

图 3-18　党政、专业技术和产业人才分布

2）从生态环保人才在行政、执法、监测、科研、信息、宣教等机构的分布来看，执法机构人才最多，有 60 652 人，占生态环保人才总量的比例为 33.82%；行政机关人才为 34 003 万人，占 18.96%；环境监测机构人才为 33 730 人，占 18.81%；科研机构（环

科院所）人才为 44 157 人，仅占 24.62%，信息机构人才为 1 887 人，占 1.05%；宣教机构（包括社团）人才为 4 933 人，占 2.75%，见图 3-19。

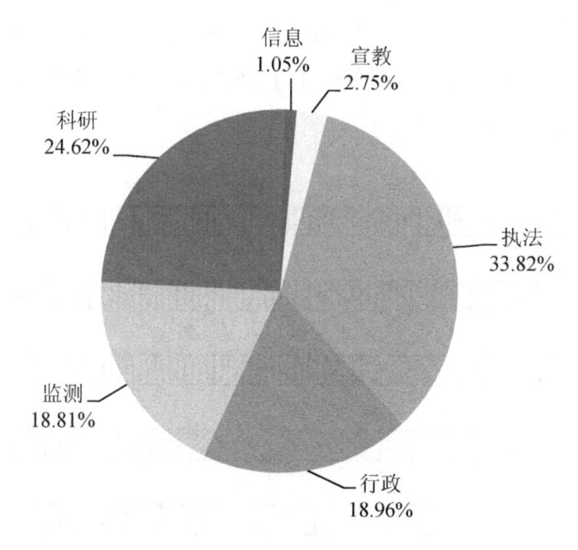

图 3-19　我国不同机构生态环保人才分布

3.1.6　各层级人才分布情况

（1）总体分布

从生态环保人才在国家级、省级、地市级、区县级的分布来看，国家级人才为 3 596 人，占生态环保人才总量的 2.00%；省级人才为 14 275 人，占 7.96%；地市级人才为 42 326 人，占 23.60%；区县级（含乡镇）生态环保人才最多，为 119 165 人，占 66.44%，如图 3-20 所示。

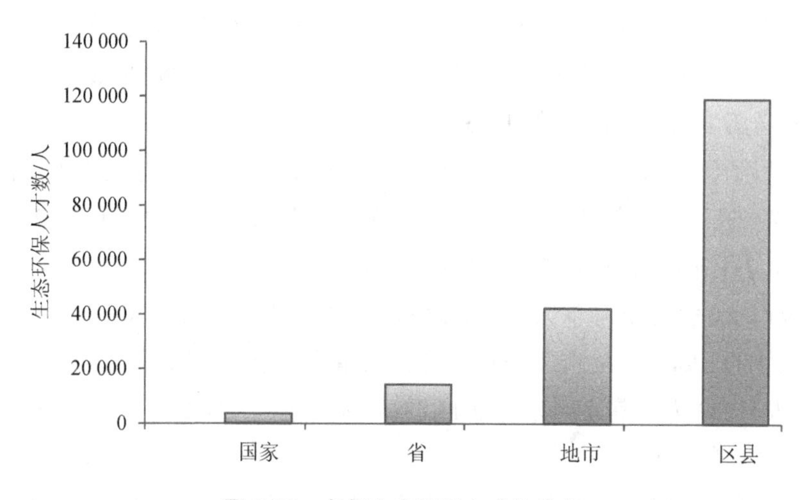

图 3-20　各级生态环保人才的分布

（2）不同学历分布

博士研究生生态环保人才共 1 176 人，在国家级单位中的分布最多，有 523 人，接近博士研究生人数的一半；在省级单位的也较多，为 327 人，占博士研究生人数的 27.81%；地市级单位中博士生人才为 220 人，比例为 18.71%；区县级单位中博士生人数最少，仅 106 人，其比例不到 10%（图 3-21）。

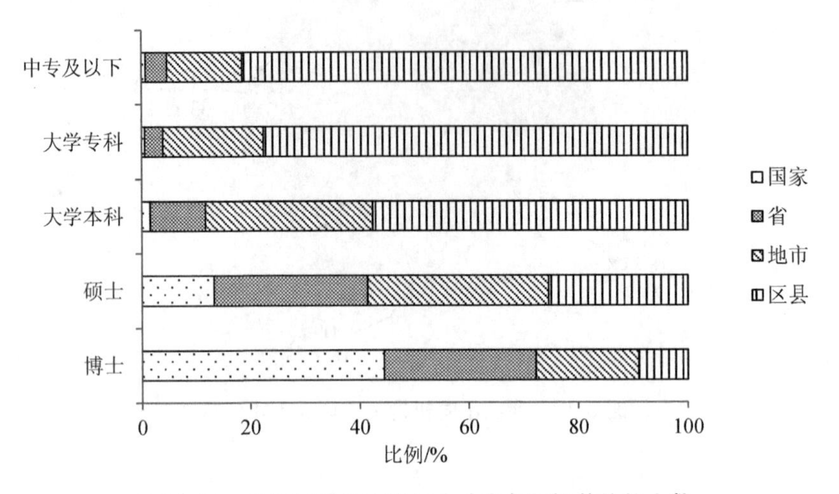

图 3-21　各学历段生态环保人才在各层级单位的人数

硕士研究生生态环保人才共 10 160 人，在地市级单位中的人数最多，有 3 368 人，占硕士生的比例为 33.15%；在省级单位中的人数也较多，有 2 853 人，所占比例为 28.08%；在区县级单位中的人数比在省级单位中的人数略少，有 2 580 人，其比例为 25.39%；在国家级单位中的人数最少，有 1 359 人，所占比例为 13.38%。

大学本科学历生态环保人才为 75 143 人，其中区县级单位中分布最多，达到 43 251 人，其比例为 57.56%；地市级单位中分布也较多，有 23 005 人，其比例为 30.61%；省级单位中有 7 744 人，所占比例为 10.31%；国家级单位中人才数量最少，有 1 143 人，占全部本科学历生态环保人才数的 1.52%。

大学专科学历生态环保人才共 60 750 人，47 066 人分布在区县级单位，占大学专科人才数的 77.47%；在地市级、省级、国家级单位中分布较少，分别有 11 290 人、2 056 人、338 人，其比例分别为 18.58%、3.38%、0.56%。

中专及以下学历生态环保人才共 32 133 人，其中绝大部分分布在区县级单位中，占此学历段人才的 81.42%；地市级、省级、国家级单位中中专及以下学历人才分别为 4 443 人、1 295 人、233 人，其比例分别为 13.83%、4.03%、0.73%。

（3）不同年龄分布

在国家级单位的 3 596 人中，35 岁及以下人才最多，达到 2 037 人，占国家级单位人才数的 56.65%；其次是 46～50 岁年龄段人才，有 423 人，其比例为 11.76%；36～40 岁人数接近 46～50 岁的人数，为 415 人，其比例为 11.54%；41～45 岁、55 岁及以上、51～54 岁人才相对较少，分别为 354 人、188 人、179 人，其比例分别为 9.84%、5.23%、4.98%（图 3-22）。

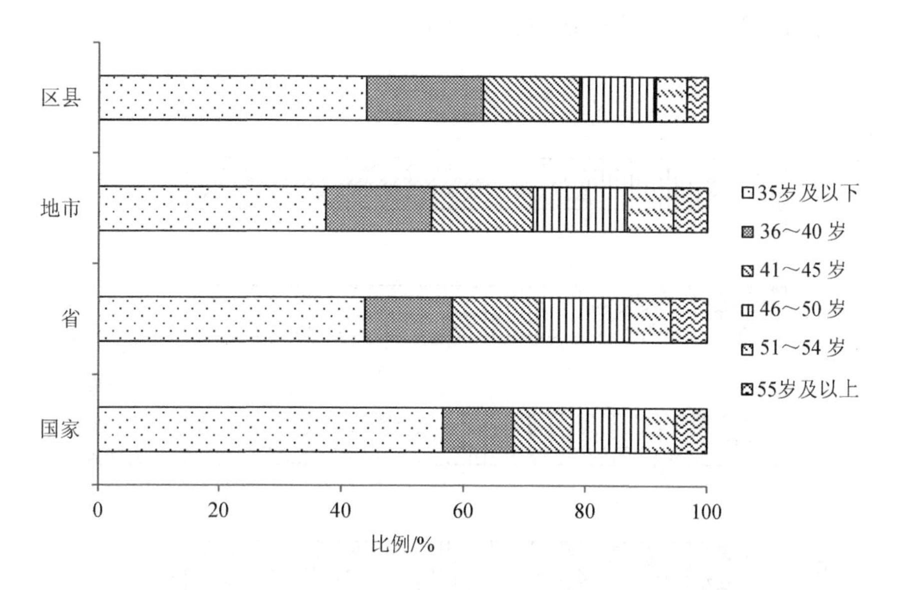

图 3-22　各年龄段生态环保人才在各层级单位的人数

在省级单位的 14 275 人中，依然是 35 岁及以下人数最多，达到 6 259 人，占省级单位生态环保人才总量的 43.85%；46～50 岁、41～45 岁、36～40 岁人数分别为 2 116 人、2 051 人、2035 人，其比例分别为 14.82%、14.37、14.26%；51～54 岁、55 岁及以上人数相对较少，分别为 958 人、856 人，比例分别为 6.71%、6%。

在地市级单位的 42 326 个生态环保人才中，虽然此层级 35 岁及以下人才比例比国家级和省级要小一些，为 37.47%，但是其数量也在 1 万人以上；36～40 岁的人才为 7 288 人，其比例为 17.22%；41～45 岁人才略少，为 7 047 人，其比例为 16.65%；46～50 岁的人才为 6 577 人，其比例为 15.54%；51～54 岁、55 岁及以上人才相对较少，分别为 3 192 人和 2 364 人，其比例分别为 7.54%和 5.59%。

区县级生态环保人才最多，达到 119 165 人，其中 35 岁及以下人才最多，有 52 491 人，占区县级人才总数的 44.05%；36～40 岁的人才数量也较多，有 22 709 人，其比例接近 20%；41～45 岁的人才为 18 785 人，所占比例为 15.76%；46～50 岁年龄段的人才为 15 064 人，其比例为 12.64%；51～54 岁、55 岁及以上人数较少，分别为 6 010 人、4 106 人，其比例分别为 5.04%、3.45%。

（4）不同职称分布

我国国家级单位中，具有高级职称的生态环保人才为 820 人，其中正高 253 人，副高 567 人，在国家级单位人才中的比例分别为 22.80%、7.04%、15.77%；具有中级职称的人才为 863 人，所占比例为 24.00%；具有初级职称的人才为 648 人，其比例为 18.02%；其他人才为 1 265 人，其比例为 35.18%（图 3-23）。

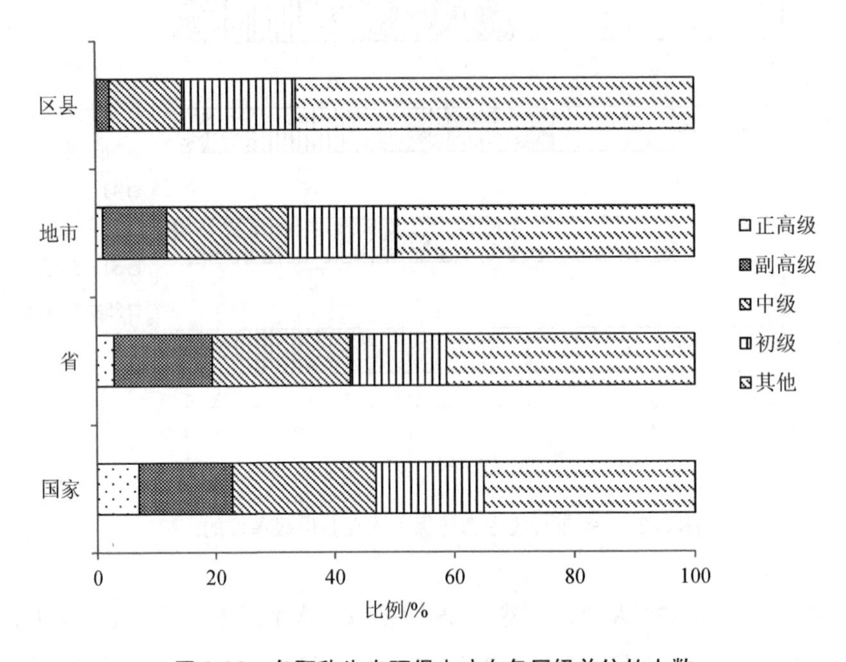

图 3-23　各职称生态环保人才在各层级单位的人数

在省级单位中，高级职称人才为 2 779 人，其中正高 426 人，副高 2 353 人，在省级单位人才中的比例分别为 19.47%、2.98%、16.48%；中级职称人才为 3 305 人，所占比例为 23.15%；初级职称人才为 2 303 人，所占比例为 16.13%；其他人才为 5 888 人，所占比例为 41.25%。

在地市级单位中，高级职称人才为 4 986 人，其中正高 504 人，副高 4 482 人，在地市级单位人才中的比例分别为 11.78%、1.19%、10.59%；中级职称人才为 8 733 人，所占比例为 20.63%；初级职称人才为 7 632 人，所占比例为 18.03%；其他人才为 20 975 人，所占比例为 49.56%。

在区县级单位中，高级职称人才为 2 862 人，其中正高 199 人，副高 2 663 人，在区县单位人才中的比例分别为 2.40%、0.17%、2.23%；中级职称人才为 14 434 人，所占比例为 12.11%；初级职称人才为 22 837 人，其比例为 19.16%；其他人才为 79 032 人，其比例为 66.32%。

（5）不同机构分布

在国家级的单位中，科研单位人数最多，有2 052人，占国家级单位总人数的57.06%；宣教单位人数也较多，有596人，所占比例为16.57%；行政单位人数为412人，所占比例为11.46%；执法、监测、信息单位人数相对较少，分别为297人、207人、32人，其比例分别为8.26%、5.76%、0.89%（图3-24）。

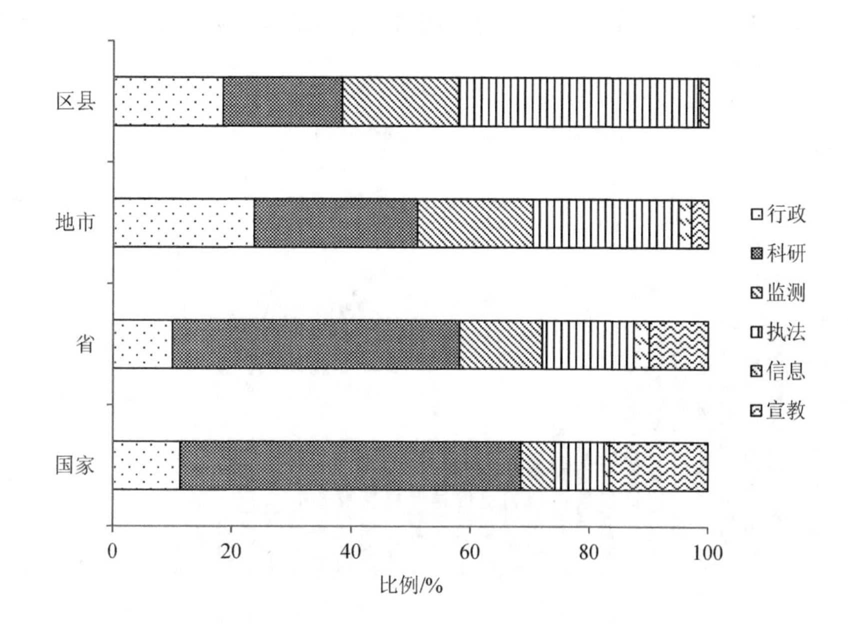

图3-24　各性质单位生态环保人才在各层级单位的人数

在省级单位中，依然是科研单位人数最多，有6 861人，占省级单位人数的48.06%；其次是执法单位人数，有2 193人，所占比例为15.36%；监测单位人数为1 988人，所占比例为13.93%；行政、宣教、信息单位人数相对较少，分别为1 442人、1 423人、368人，其比例分别为10.10%、9.97%、2.58%。

在地市级单位中，科研单位人数最多，有11 563人，占地市级单位人数的27.32%；其次是执法单位人数，有10 286人，所占比例为24.30%；行政单位人数也较多，有10 060人，所占比例为23.77%；监测单位人才为8 238人，其比例为19.46%；宣教、信息单位人数相对较少，分别为1 237人、942人，其比例分别为2.92%、2.23%。

在区县级单位中，环境执法单位人数最多，有47 876人，占区县级单位人数的40.18%；科研单位人数也较多，有23 681人，所占比例为19.87%；监测单位人才为23 297人，所占比例为19.55%；行政单位人才为22 089人，其比例为18.54%；宣教、信息单位人数相对较少，分别为1 677人、545人，其比例分别为1.41%、0.46%。

3.1.7 各省（区、市）人才分布情况

（1）党政生态环保人才

我国各省（区、市）党政生态环保人才数量差别较大。如图 3-25 所示，党政人才数量最多的是河北，为 8 858 人；河南党政人数居第二位，有 8 178 人；山西党政生态环保人才的人数为 6 513 人，居第三位。青海、西藏、宁夏的党政人才数量最少，分别为 539 人、475 人、284 人。

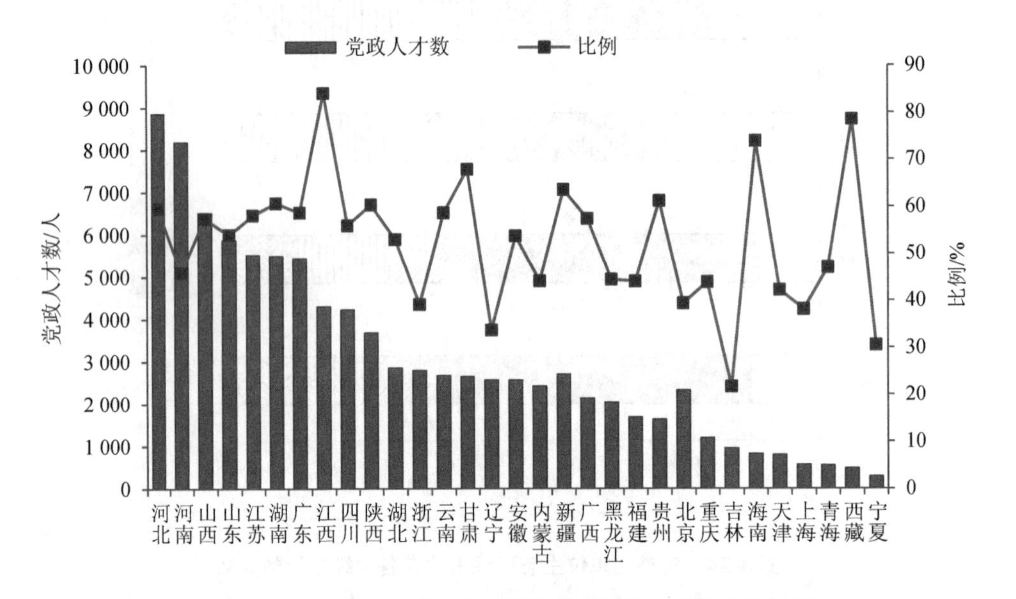

图 3-25 我国各省（区、市）党政生态环保人才数及其比例

从各省（区、市）党政人才数量占其总人才数量的比例来看，江西党政人才数量比例最高，达到 84.12%，其次是西藏，为 78.51%，海南党政人才比例居全国第三位，为 73.85%。党政人才数量比例最小的 3 个省份为辽宁、宁夏和吉林，其比例分别为 33.71%、30.50%、21.68%。

（2）专业技术人才

我国专业技术人才中，河南人数最多，为 9 629 人，占全省生态环保人才总数的 54.07%；其次是河北，为 6 022 人，占全省生态环保人才数量的 40.47%；排名第三的是山东，有 4 981 人，其比例为 45.85%。专业技术人才数量最少的是青海、海南和西藏，分别为 518 人、289 人、130 人，占各自省（区）内生态环保人才数量的比例分别为 45.16%、26.15%、21.49%（图 3-26）。

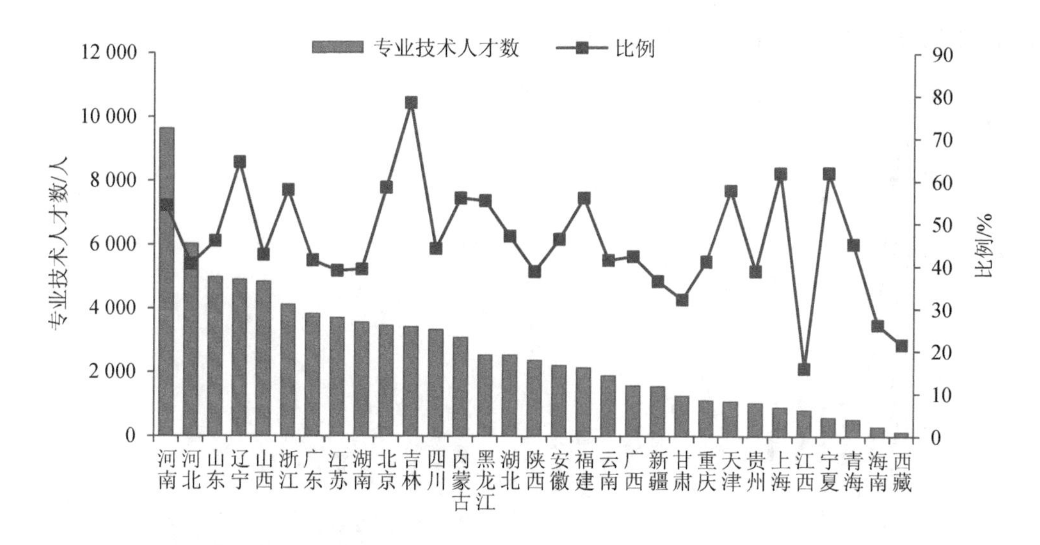

图 3-26 我国各省（区、市）专业技术生态环保人才数及其比例

从专业技术人才数量占全省（区、市）生态环保人才数量的比例排名来看，比例最高的省份是吉林，为 78.32%；其次是辽宁，其比例为 64.38%；然后是宁夏，为 61.98%。专业技术人才数比例最低的 3 个省（区）分别是海南、西藏、江西，其比例分别为 26.15%、21.49%、15.88%。

（3）企业人才

只有部分省（区、市）的生态环境系统内部有企业（各地生态环境部门直属的以企业形式经营的单位，如出版集团等）人才数据，分别为：北京 134 人，辽宁 145 人，江苏 291 人，浙江 217 人，山东 23 人，广西 12 人，重庆 408 人，陕西 56 人，青海 90 人，宁夏 70 人。

（4）硕士及以上学历人才

从各省（区、市）硕士、博士学历人数总量来看，北京（包括生态环境部及其直属单位）的人数最多，为 2 125 人，占其生态环保人才数量的 36.04%；其次是广东，有 854 人，占全省生态环保人才数量的比例为 9.21%；江苏硕士及以上学历人数紧随其后，为 849 人，其比例为 8.94%。浙江、辽宁、山东各省人数相对也较多，都在 500 人以上。青海、西藏、宁夏人数较少，分别为 42 人、37 人、34 人，占全省（区）的比例分别为 3.66%、6.12%、3.65%（图 3-27）。

从硕士、博士学历人才占全省（区、市）生态环保人才的比例来看，4 个直辖市的比例都比较高，北京为 36.04%，远远高于其他地区；其次是上海，其比例为 16.28%；重庆比例为 11.92%，天津比例为 11.28%。此外，浙江的比例也在 10%以上，为 10.08%。比例最低的几个省份为山西、河北、河南，其比例分别为 1.63%、1.56%、1.28%，这几

个省均围绕在北京、天津等大城市周围。

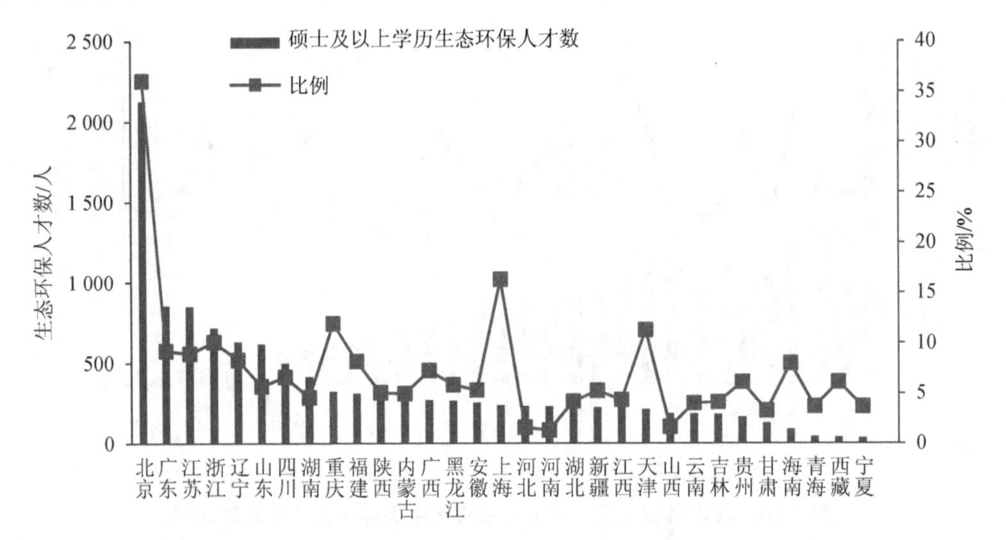

图 3-27 硕士及以上学历生态环保人才数及其比例

（5）40 岁及以下年龄人才

根据统计，各省（区、市）40 岁及以下年龄段生态环保人才占了多数。其中，河南人数最多，为 12 079 人，占全省生态环保总人数的 67.83%；河北 40 岁及以下人数也在万人以上，为 10 497 人，其比例为 70.54%；山西有 7 242 人，所占比例为 63.82%。排名后三位的省（区）分别为西藏、宁夏、海南。西藏 40 岁及以下人数最少，为 415 人，所占比例为 68.60%；宁夏人数比西藏稍多，为 535 人，其比例为 57.47%；海南人才为 606 人，所占比例为 54.84%（图 3-28）。

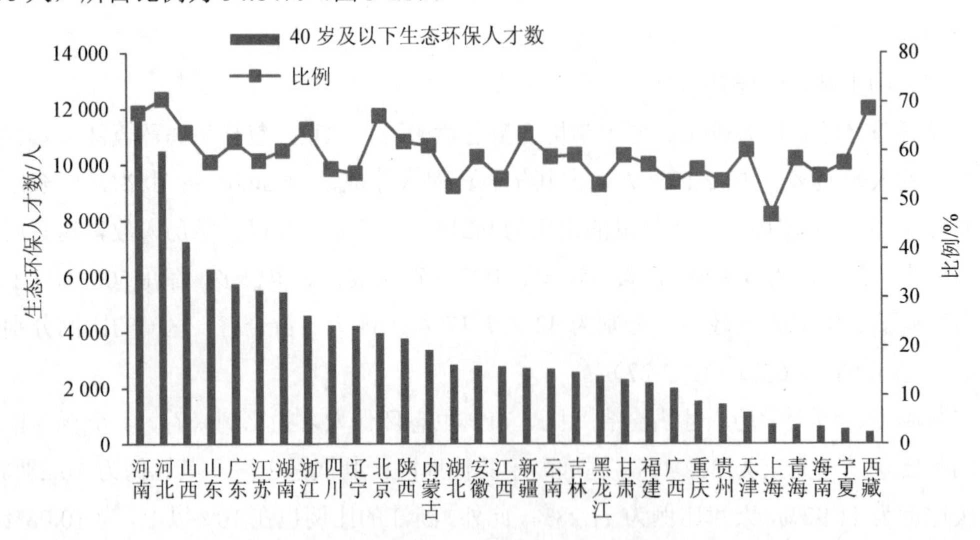

图 3-28 40 岁及以下生态环保人才数及其比例

河北 40 岁及以下生态环保人才数量占全省人才数量的比例最高，其次是西藏，然后是河南，3 个省（区）的比例分别为 70.54%、68.60%、67.83%。黑龙江、湖北、上海的比例最低，其比例分别为 52.98%、52.67%、46.85%。

（6）中级以上职称人才

全国各省（区、市）中级以上专业技术职称的生态环保人才，北京最多，为 995 人，达到全市生态环保人才数的 16.88%；浙江为 747 人，居全国第二位，占全省的比例为 10.48%；江苏人数比浙江略少，为 734 人，其比例为 7.73%。青海、海南、西藏中级以上职称人数较少，分别为 87 人、61 人、8 人，其比例分别为 7.59%、5.52%、1.32%（图 3-29）。

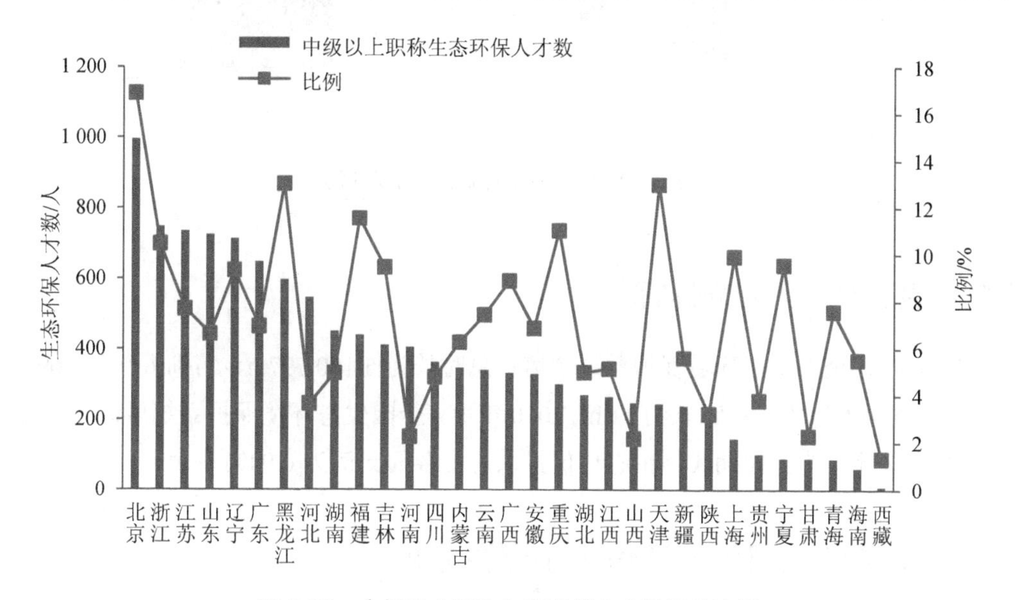

图 3-29　中级以上职称生态环保人才数及其比例

从中级以上职称人才数量占生态环保人才总数的比例来看，北京最高，为 16.88%；黑龙江居第二位，为 13.04%；天津为 12.99%，居第三位。此外，福建、重庆、浙江比例也较高，都在 10%以上。西藏比例最低，仅有 1.32%；其次是山西，为 2.17%；河南比例也比较低，为 2.27%。

3.1.8　生态环保人才流动情况

2010 年，全国生态环境保护系统流入人才为 12 079 人，流出人才为 4 993 人，人才资源流动率为 9.52%。其中，人才资源流入率为 6.73%，人才资源流出率为 2.78%，见图 3-30。

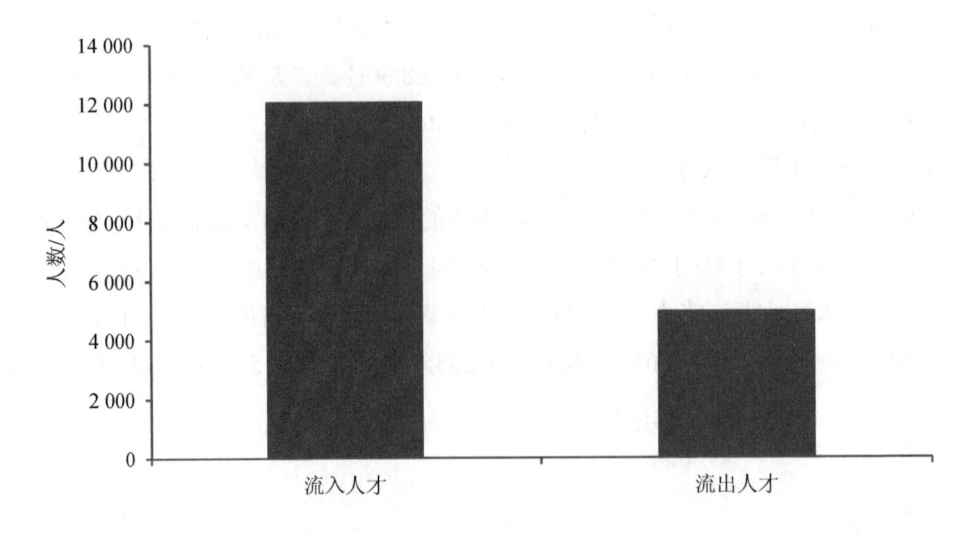

图 3-30 我国生态环保人才流动情况

3.1.9 生态环保人才培养情况

2010 年，全国生态环境保护系统的培训总时长为 5 180 797 h，培训人次为 469 398 人次，平均每人每年培训时长约 11 h；2010 年度，全国生态环境保护系统培训投入资金约为 2.70 亿元，约占同期我国生态环保投入总资金的比例为 0.04%。

3.2 2017 年全国生态环保人才资源分析

3.2.1 总量情况

根据统计调查，截至 2017 年年底，我国生态环境系统人才资源总量为 235 967 人；全国每万人口中的生态环境保护人才为 1.70 人，如图 3-31 所示。单位国土面积的生态环境保护人才为 244.92 人/万 km^2，其中单位国土面积的环境监测人员为 47.93 人/万 km^2，单位国土面积的环境执法人员为 58.23 人/万 km^2。

3.2.2 结构情况

（1）从性别来看，女性生态环保人才共有 84 619 人，占整个生态环境系统人才总量的比例为 35.86%，见图 3-32。

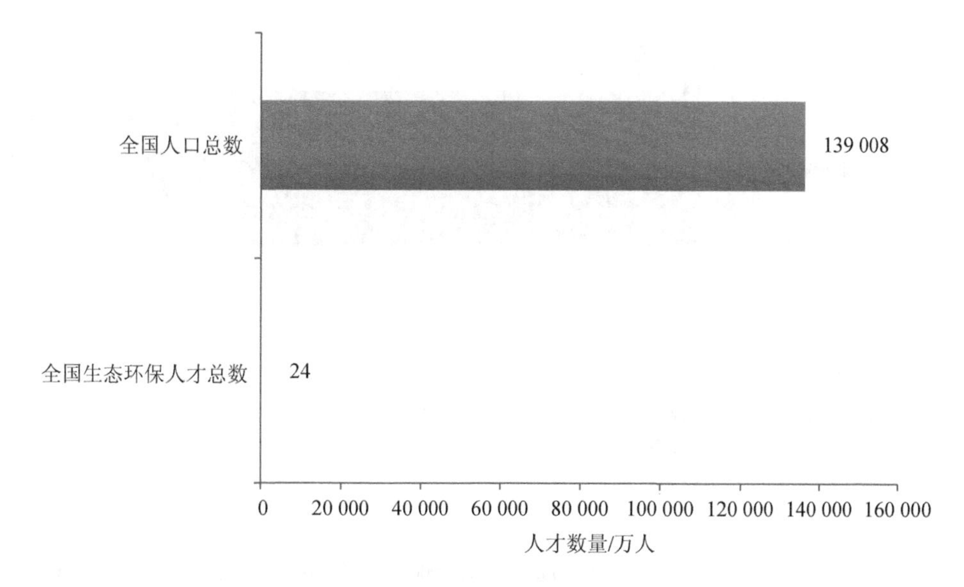

图 3-31　生态环境保护人才数

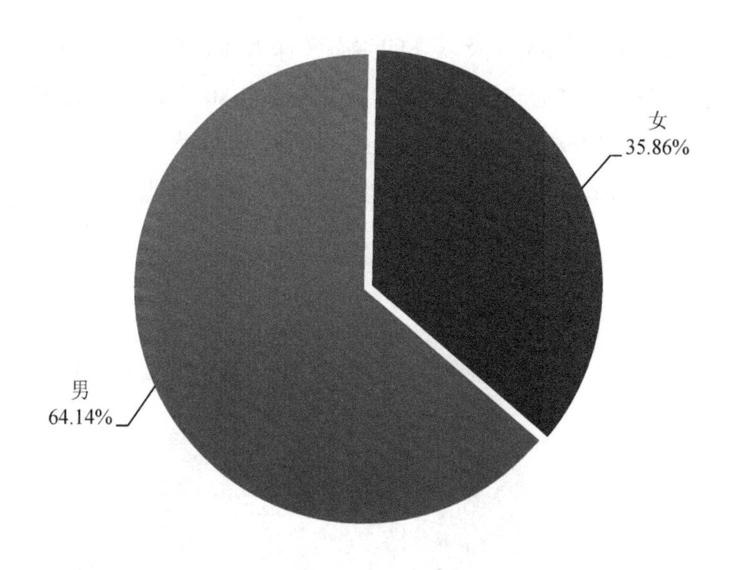

图 3-32　我国生态环保人才的男女比例

（2）从民族来看，少数民族生态环保人才共有 17 818 人，占整个生态环保人才数量的比例为 7.55%，见图 3-33。

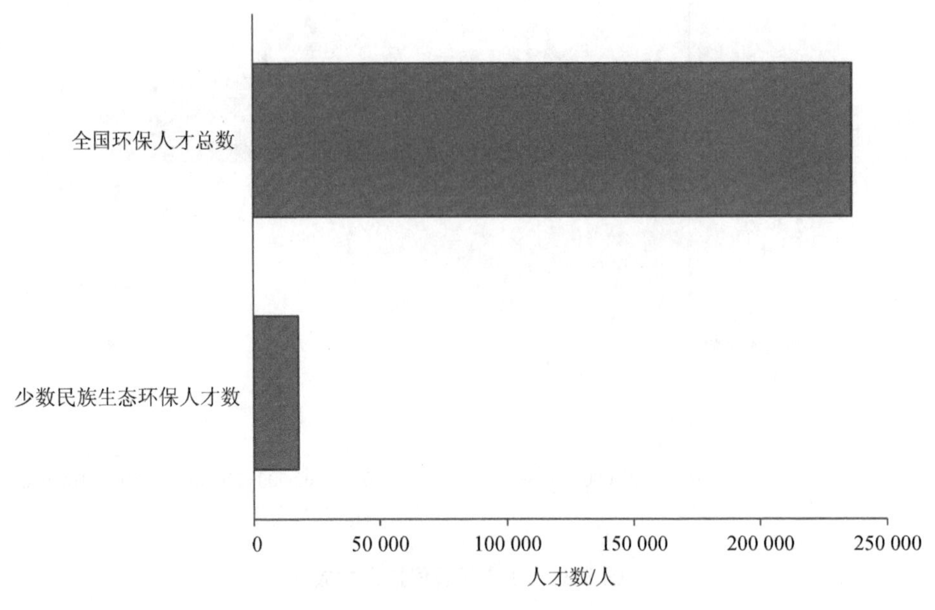

图 3-33 我国生态环保人才的民族分布

（3）从年龄结构来看，35 岁及以下的生态环保人才较多，共有 86 974 人，占整个生态环保人才总量的 36.86%；36～40 岁的人才为 38 680 人，占 16.39%；41～45 岁的人才为 37 724 人，占 15.99%；46～50 岁的人才为 32 449 人，占 13.75%；51～54 岁的人才为 23 884 人，占 10.12%；55 岁及以上的人才为 16 256 人，占 6.89%，见图 3-34。

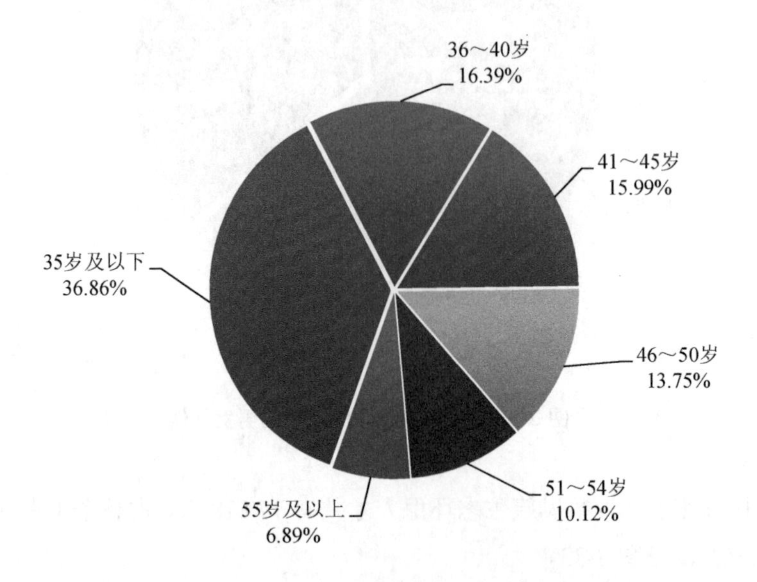

图 3-34 不同年龄段生态环保人才分布

（4）专业技术人才中，具有初级以上职称的人才共有46 509人。其中，具有高级职称的人才为14 964人；具有中级职称的人才为31 545人。初级职称人才为28 204人，其他人才为80 243人。高级、中级、初级职称人才和其他人才的数量占专业技术人才总量的比例分别为9.66%、20.36%、18.20%和51.78%，见图3-35。

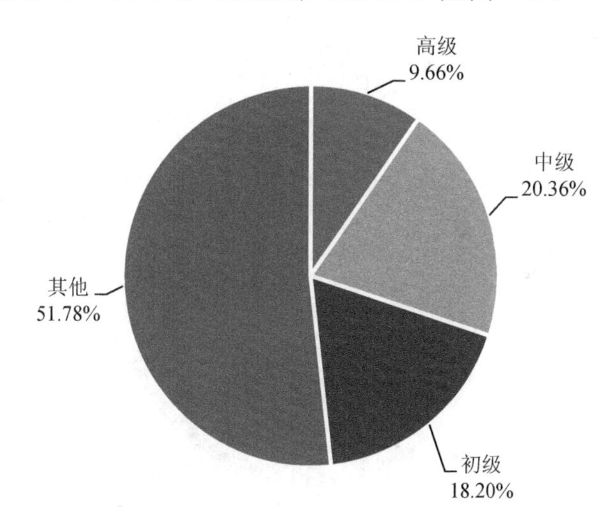

图3-35　不同职称生态环保人才分布

在女性专业技术人才中，具有高级职称的人才为6 469人，所占比例为10.56%，其中正高827人，副高5 642人，所占比例分别为1.35%、9.21%；中级职称人才为15 424人，占女性专业技术人才的比例为25.18%；初级职称人才为12 291人，其比例为20.06%；其他人才为27 079人，其比例为44.20%。中级及以下职称人才数量占女性专业技术人才总量的绝大部分，如图3-36所示。

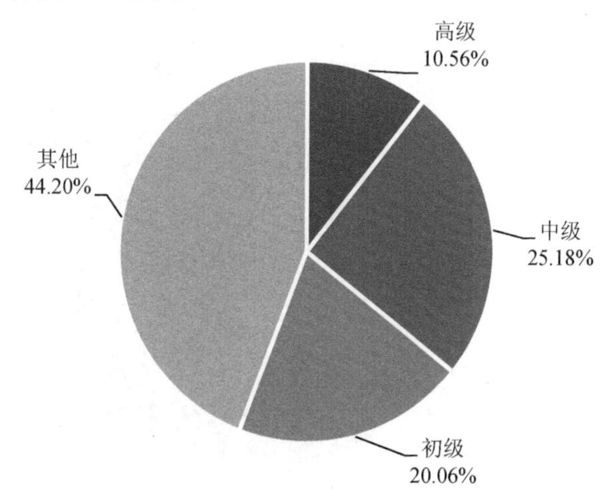

图3-36　女性生态环保专业技术人才的不同职称分布

在少数民族专业技术人才中，高级职称人才为 829 人，所占比例为 8.24%，其中正高级职称人才为 151 人，副高职称人才为 678 人，占少数民族人才数的比例分别为 1.50%、6.74%；中级职称人才为 2 161 人，其比例为 21.49%；初级职称人才为 2 246 人，其比例为 22.33%；其他人才为 4 822 人，其比例为 47.94%。具有职称的少数民族专业技术人才较少，如图 3-37 所示。

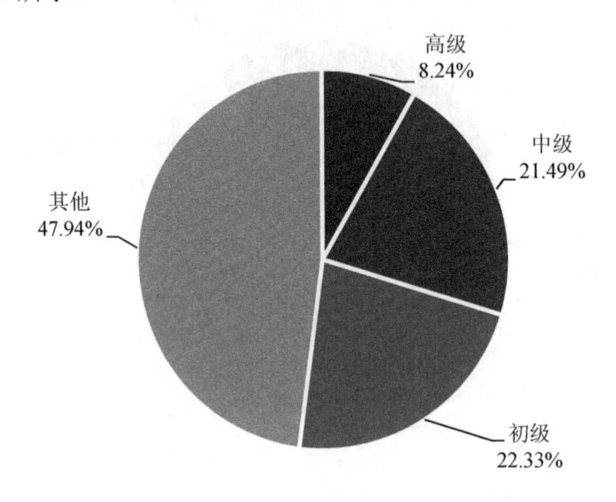

图 3-37　少数民族生态环保专业技术人才的不同职称分布

在 40 岁及以下青年生态专业环保人才中，具有高级职称的人才为 4 226 人，所占比例为 4.52%，其中正高级 372 人，副高级人才 3 854 人，所占比例分别为 0.40%、4.12%；中级职称人才为 18 558 人，所占比例为 19.85%；初级职称人才为 21 725 人，比例为 23.23%；其他人才为 49 005 人，比例为 52.40%。40 岁及以下人才中具有高级职称的专业技术人才数量比例很小，如图 3-38 所示。

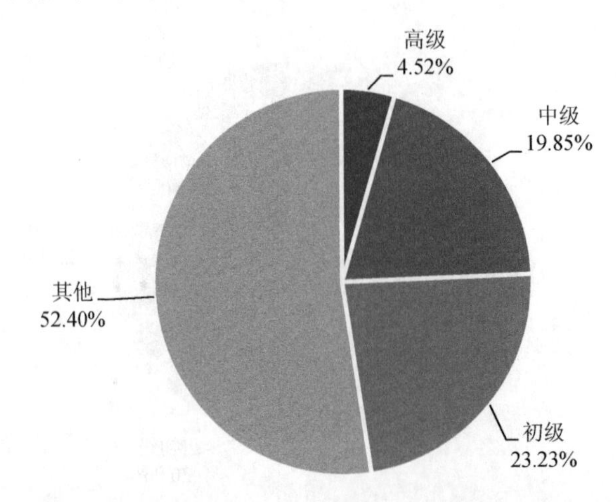

图 3-38　40 岁及以下生态环保专业技术人才的不同职称分布

（5）从学历来看，具有博士学位的人才很少，为 2 946 人；具有硕士学位的人才也相对较少，有 21 224 人；具有本科学历的人才最多，为 115 307 人；具有专科学历的人才相对较多，为 65 796 人；中专及以下的人才为 30 694 人。各学历人才数量占生态环境系统人才总量的比例分别为 1.25%、8.99%、48.87%、27.88%、13.01%。具有硕士及以上学历的人才占生态环保人才总量的比例为 10.24%，如图 3-39 所示。

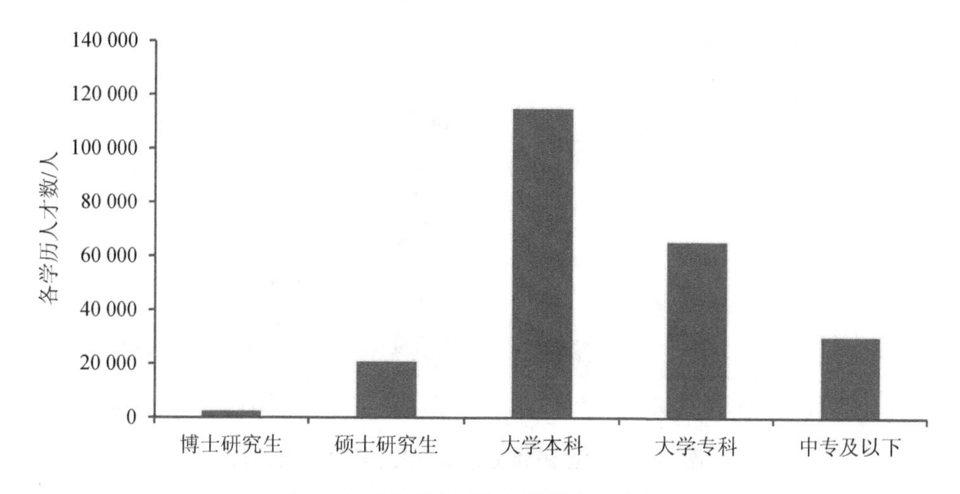

图 3-39　不同学历生态环保人才分布

在女性人才中，具有博士学位的人才为 1 121 人，所占比例为 1.32%；硕士研究生为 10 118 人，占女性人才数的比例为 11.96%；大学本科人才最多，有 43 120 人，其比例为 50.96%；大学专科人才为 22 300 人，其比例为 26.35%；中专及以下人才数量较少，为 7 960 人，其比例为 9.41%。具有硕士及以上学历的女性人才数量共占 13.28%，如图 3-40 所示。

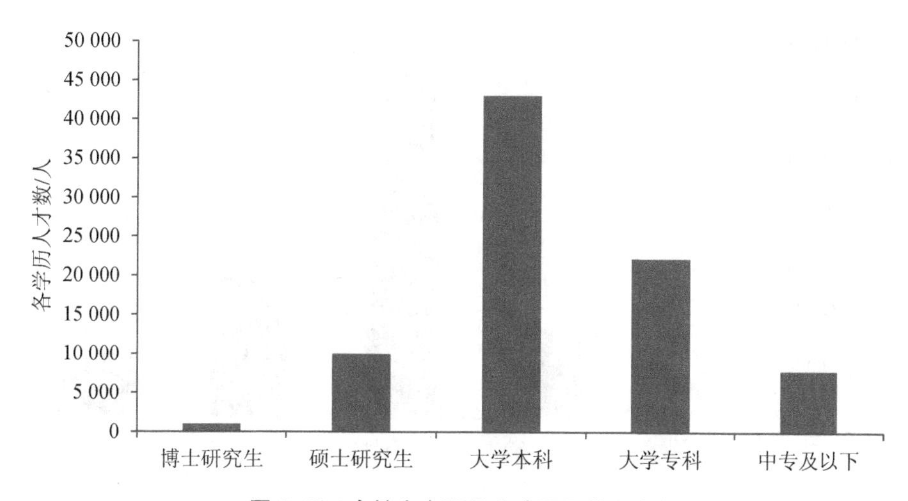

图 3-40　女性生态环保人才不同学历分布

在少数民族人才中，具有博士学位的人才为 151 人，所占比例为 0.85%；硕士研究生为 1 376 人，占少数民族人才总量的比例为 7.72%；大学本科人才为 10 296 人，其比例为 57.78%；大学专科人才为 4 591 人，其比例为 25.77%；中专及以下人才数量较少，为 1 404 人，其比例为 7.88%。具有硕士及以上学历的少数民族人才数量共占 8.57%，如图 3-41 所示。

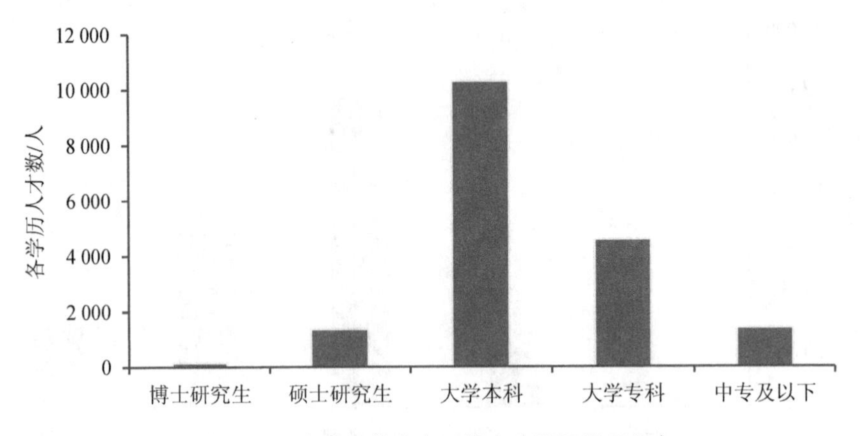

图 3-41 少数民族生态环保人才不同学历分布

在 40 岁以下青年人才中，具有博士学位的人才为 2 032 人，所占比例为 1.62%；硕士研究生为 16 928 人，占 40 岁以下人才总量的比例为 13.47%；大学本科人才为 68 776 人，其比例为 54.73%；大学专科人才为 26 228 人，其比例为 20.87%；中专及以下人才为 11 690 人，其比例为 9.30%。具有硕士及以上学历的 40 岁以下青年人才数量共占 15.09%，如图 3-42 所示。

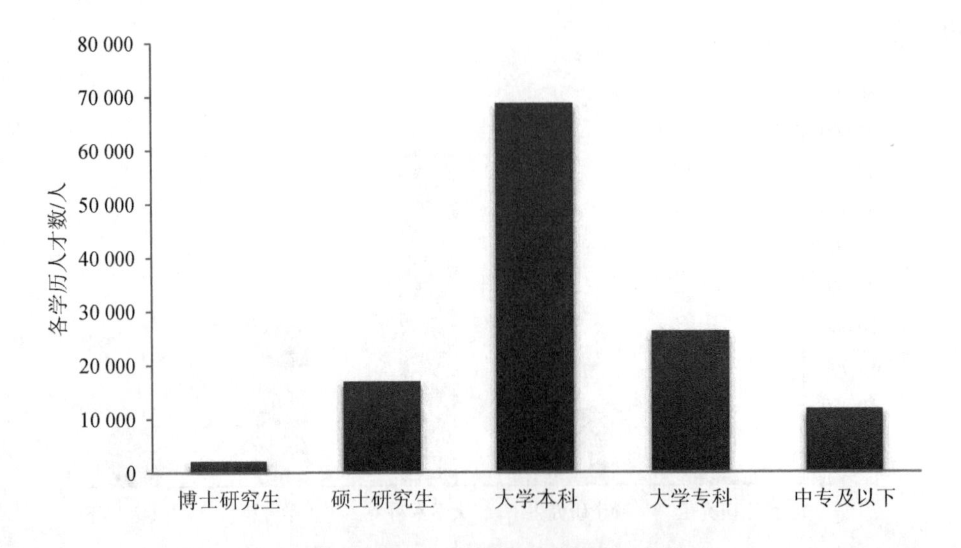

图 3-42 40 岁以下不同学历生态环保人才分布

3.2.3　专业构成情况

（1）从不同专业背景来看，具有环境科学、环境工程、环境化学等理工科专业背景的人才较少，共约有 92 572 人，占整个生态环境系统人才数量的 39.23%；具有会计学、历史学、哲学、工商管理、社会学、经济学等社会科学类专业背景的人才较多，共约有 143 395 人，占整个生态环境系统人才数量的 60.77%，如图 3-43 所示。

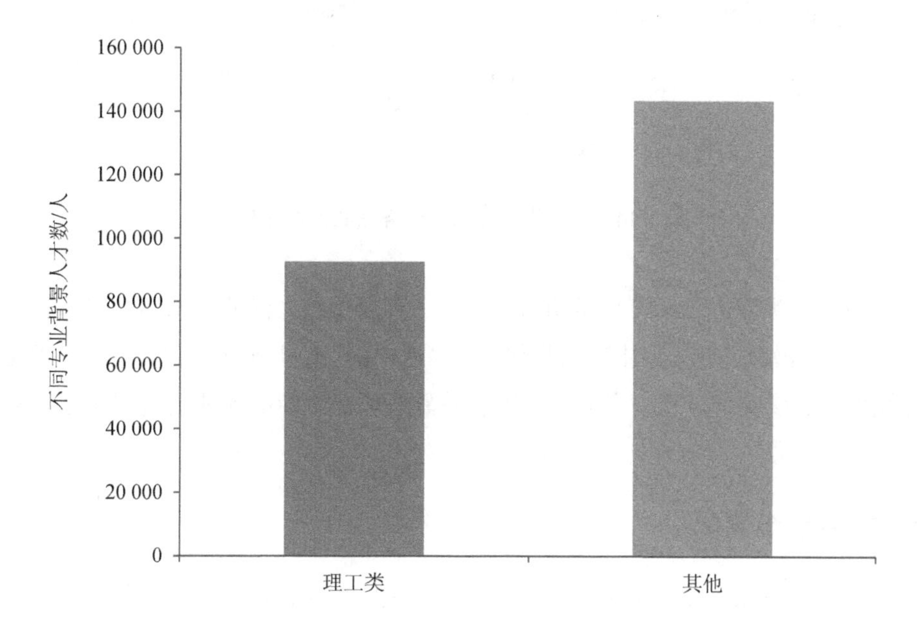

图 3-43　不同专业背景生态环保人才分布

（2）从不同业务领域来看，在一级业务领域中，环境污染防治领域人才为 44 626 人，约占人才总量的 18.91%；生态建设与保护人才为 7 583 人，约占人才总量的 3.21%；核与辐射安全监管人才为 4 156 人，约占人才总量的 1.76%；生态环保综合业务领域的人才为 123 730 人，约占 52.43%（其中，监督执法业务领域约有 56 103 人，占生态环保人才总量的比例为 23.78%；环境监测业务领域为 46 179 人，占生态环保人才总量的 19.57%）；行政管理人才为 45 618 人，占生态环保人才总量的比例为 19.33%，如图 3-44 所示。

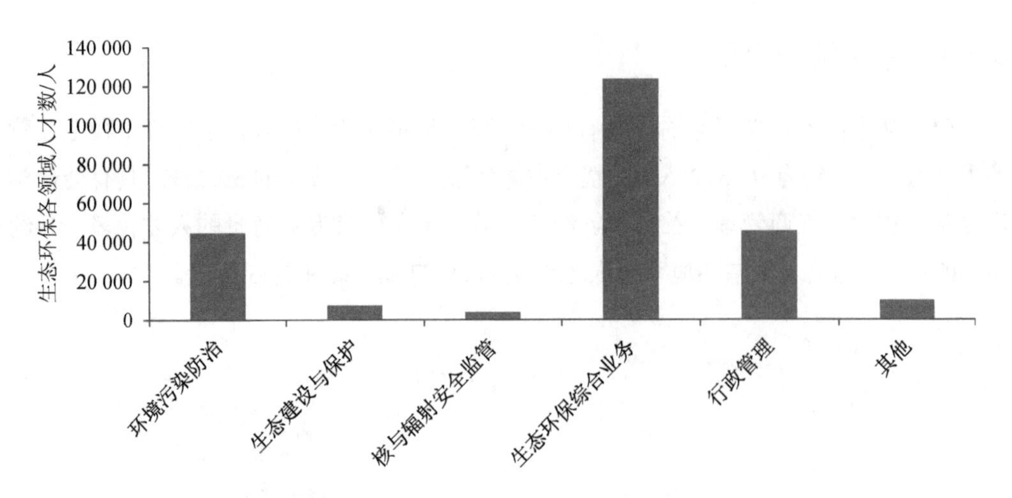

图 3-44 我国生态环保各业务领域人才分布

在二级业务领域中，噪声与振动污染防治、草原保护、渔业生态环境保护、生物技术安全管理、荒漠化防治、野生动植物保护、湿地保护、城市园林绿化、应对气候变化、土壤环境保护、核安全监管、信息统计等急需紧缺环保专业的人才数量与实际需求相比较少。

3.2.4 地域分布情况

（1）从生态环保人才在中央和全国 31 个省（自治区、直辖市）的分布来看，河南的人才最多，为 23 106 人，占整个生态环保人才总量的比例为 9.79%；西藏的生态环保人才最少，为 979 人，占整个生态环保人才总量的比例为 0.41%，如图 3-45 所示。中央级生态环保人才为 6 178 人，占全国生态环保人才总量的比例为 2.62%。

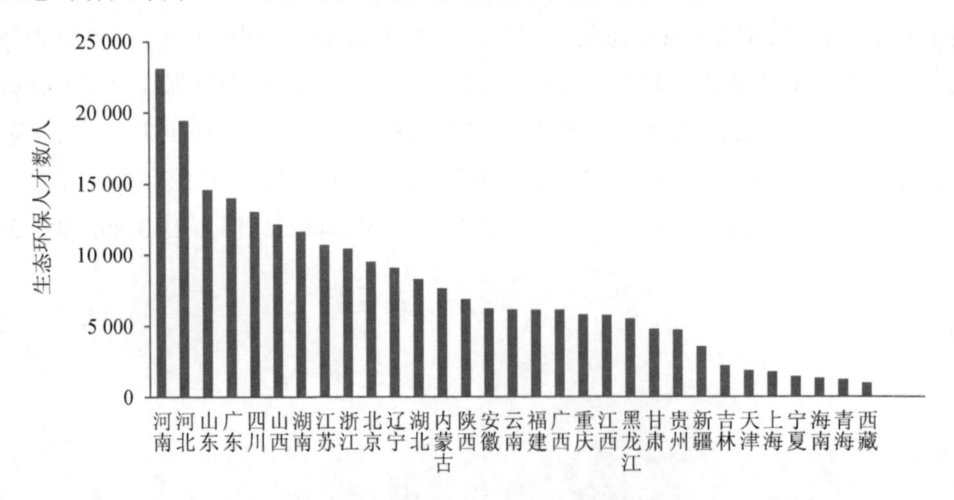

图 3-45 我国各省（区、市）生态环保人才分布

（2）从生态环保人才在全国各区域（东部、中部、西部、东北）的分布来看，东部地区生态环保人才最多，为 89 724 人，占生态环境系统人才总量的 38.03%；其次是中部地区，为 67 208 人，所占比例为 28.48%；西部地区略少于中部，有 62 270 人，其比例为 26.39%；东北地区人才最少，有 16 765 人，其比例为 7.10%，如图 3-46 所示。

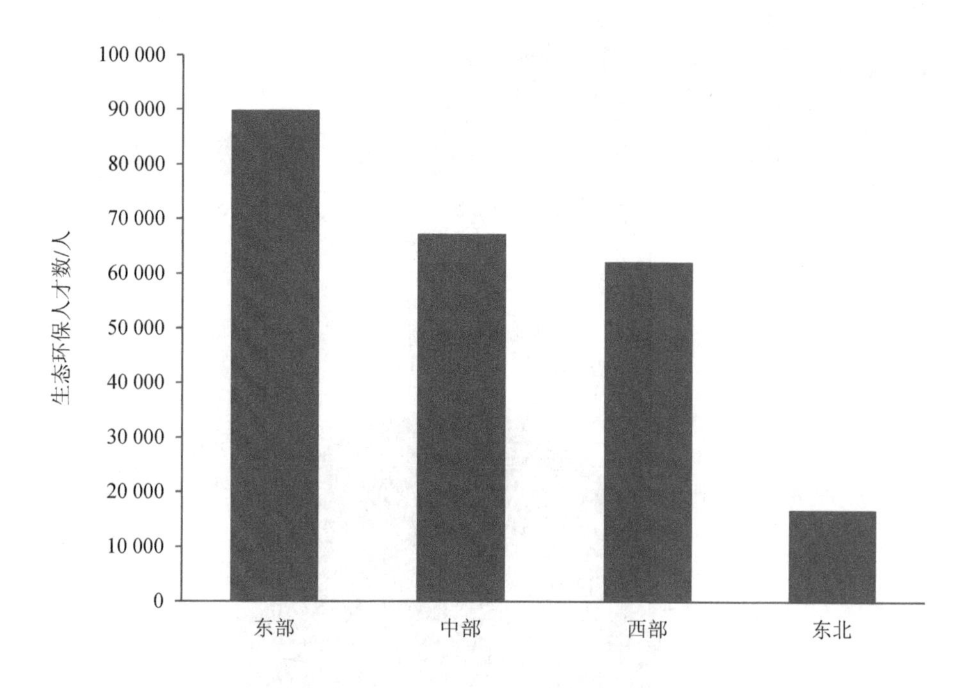

图 3-46　我国各地区生态环保人才分布

（3）从生态环保人才在全国主要流域（松花江、辽河、海河、黄河、淮河、长江、珠江、东南诸河、西南诸河、西北诸河十大流域）的分布来看，人数最多的是长江流域，有 60 773 人，占生态环境系统人才总数的比例为 25.75%；其次是海河流域，有 37 641 人，其比例为 15.95%；淮河流域人数居第三位，有 31 818 人，所占比例为 13.48%；黄河流域人数次于淮河流域，有 25 822 人，其比例为 10.94%；珠江流域有 23 402 人，其比例为 9.92%；东南诸河、辽河、松花江、西北诸河生态环保人才依次减少，分别为 13 394 人、10 488 人、8 126 人、6 013 人，其比例分别为 5.68%、4.44%、3.44%、2.55%；西南诸河流域人数最少，仅 2 731 人，其比例为 1.16%，如图 3-47 所示。

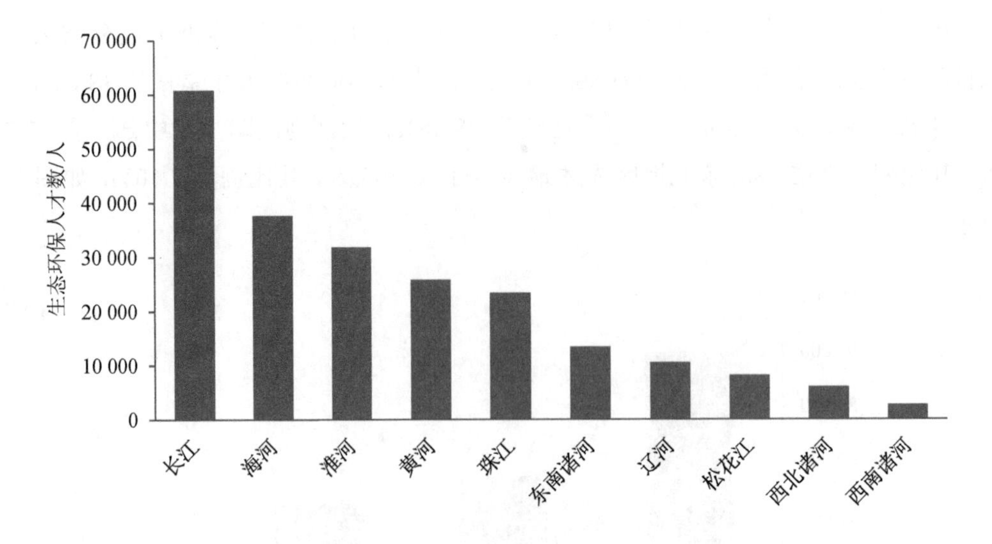

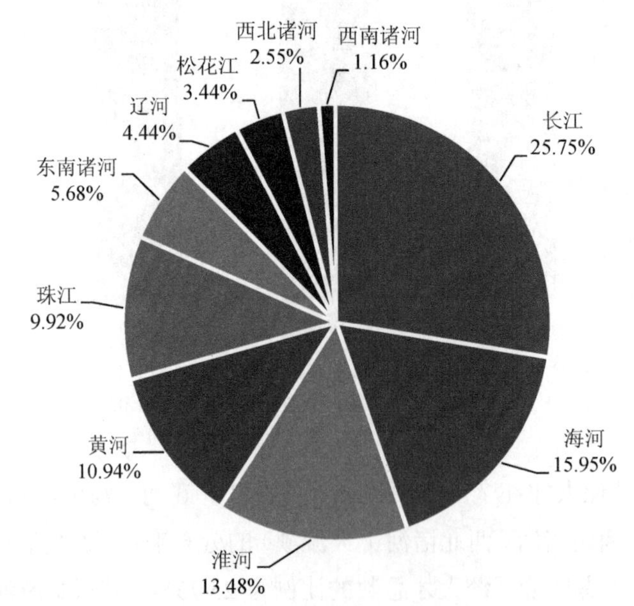

图 3-47　我国各流域生态环保人才分布

（4）从生态环保人才在重点城市群的分布来看，京津冀城市群（包含部直属各单位）人数最多，达到 30 794 人，占生态环境系统人才总数的 13.05%；其次是长三角城市群，其总人数为 22 880 人，比例为 9.70%；成渝城市群人才为 14 413 人，占总数的比例为 6.11%；珠三角城市群人才为 7 068 人，其比例为 3.00%；山东半岛城市群的人数比珠三角城市群略少，为 6 760 人，其比例为 2.86%；海峡西岸城市群、辽宁中部城市群、武汉及其周边城市群、陕西关中城市群、山西中北部城市群人数相对较少，分别为 6 145 人、4 170 人、4 070 人、3 720 人、3 134 人，所占比例分别为 2.60%、1.77%、1.72%、

1.58%、1.33%；长株潭城市群、新疆乌鲁木齐城市群人数都比较少，分别为 1 693 人和 762 人，其比例分别为 0.72%和 0.32%，都不足 1%，如图 3-48 所示。

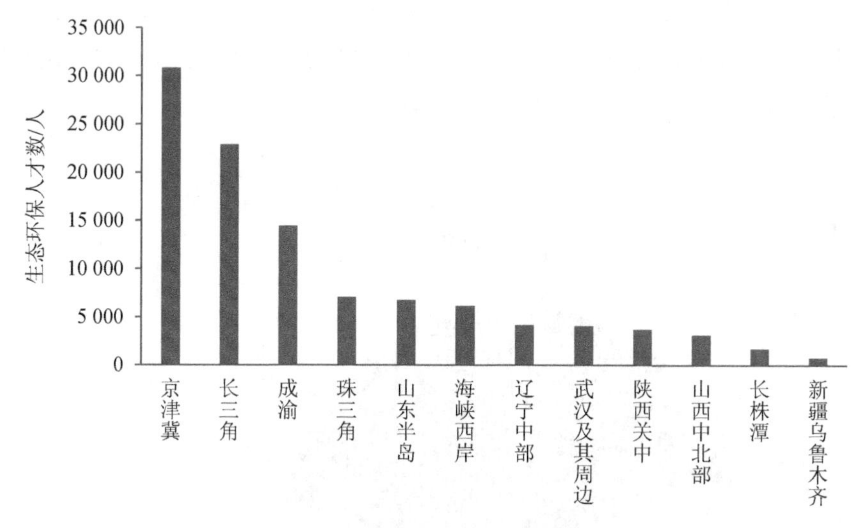

图 3-48　我国各重点城市群生态环保人才分布

3.2.5　不同性质人才构成情况

（1）从生态环保人才在党政机关（含参公管理单位）、直属单位（事业单位和社会团体）和企业的分布来看，党政机关的人才为 79 181 人，占总量的 33.56%；直属单位的专业技术人才为 154 956 人，占 65.67%；企业的产业和工程技术人才为 1 830 人，占 0.78%，如图 3-49 所示。

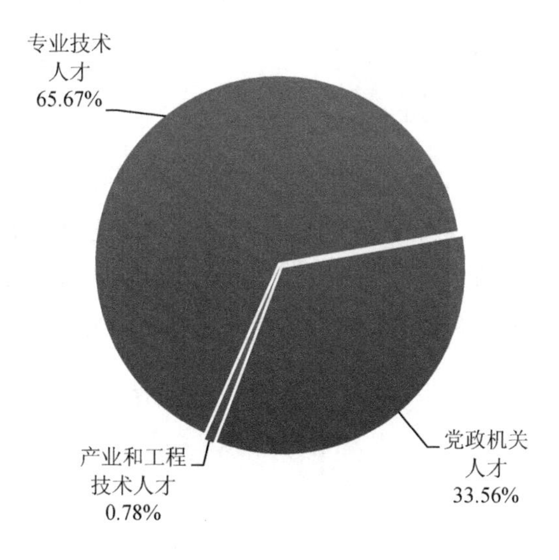

图 3-49　党政、专业技术、产业和工程技术人才分布

（2）从生态环保人才在行政、执法、监测、科研、信息、宣教等机构的分布来看，环境监测机构人才最多，有 69 359 人，占生态环保人才总量的比例为 29.39%；执法机构人才为 61 384 人，占 26.01%；行政机关人才为 54 890 人，占 23.26%；科研机构（环科院所）人才为 46 166 人，占 19.56%；信息机构人才为 2 089 人，占 0.89%；宣教机构（包括社团）人才为 2 079 人，占 0.88%，见图 3-50。

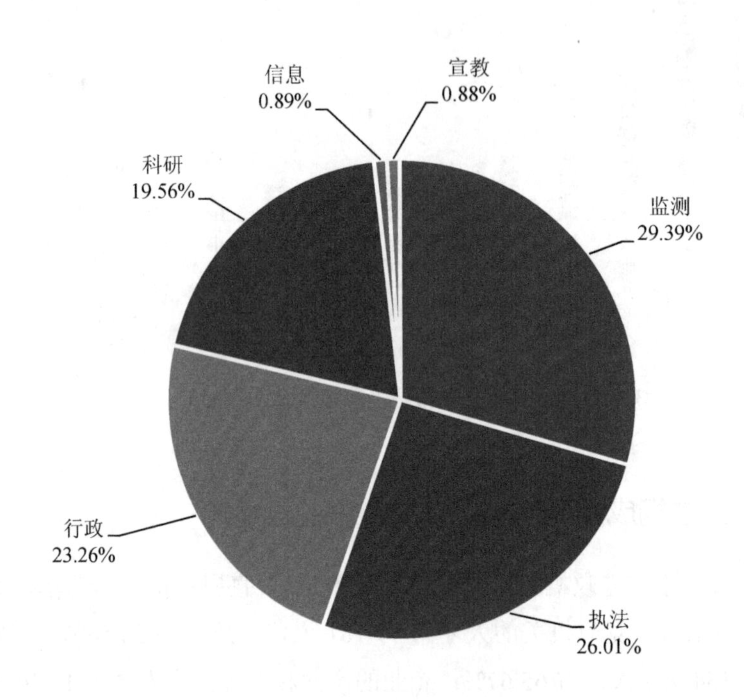

图 3-50　我国不同机构生态环保人才分布

3.2.6　各层级人才分布情况

（1）总体分布

从生态环保人才在国家级、省级、地市级、区县级的分布来看，国家级人才为 6 178 人，占生态环保人才总量的 2.62%；省级人才为 19 204 人，占 8.14%；地市级人才为 57 401 人，占 24.33%；区县级（含乡镇）生态环保人才最多，为 153 184 人，占 64.92%，如图 3-51 所示。

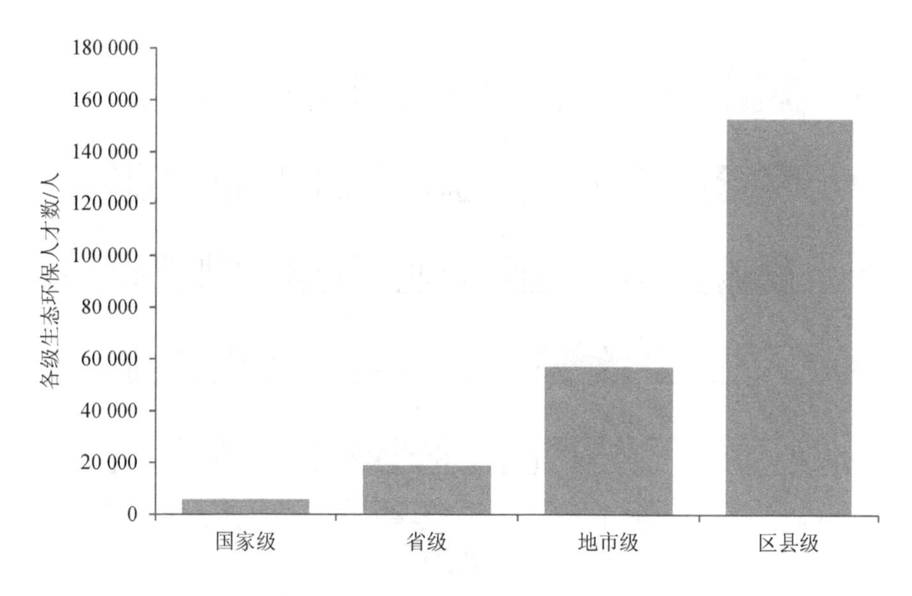

图 3-51　生态环保人才在各层级的分布

（2）不同学历分布

如图 3-52 所示，博士研究生生态环保人才共 2 946 人，在国家级单位分布最多，有 1 133 人，接近博士研究生的一半；在省级单位的分布也较多，为 755 人，占博士研究生人数的 25.63%；地市级单位中博士生人才为 572 人，比例为 19.42%；区县级单位中博士生人数最少，仅 486 人，所占比例为 16.50%。

硕士研究生生态环保人才共 21 224 人，在地市级单位中的人数最多，有 7 181 人，占硕士生人才总量的比例为 33.83%；在区县级单位中的人数也较多，有 5 927 人，所占比例为 27.93%；在省级单位中的人数比在区县级单位中略少，有 5 429 人，所占比例为 25.58%；在国家级单位中的人数最少，有 2 687 人，所占比例为 12.66%。

大学本科学历生态环保人才为 115 307 人，其中区县级单位中分布最多，达到 69 196 人，其比例为 60.01%；地市级单位中分布也较多，有 34 117 人，所占比例为 29.59%；省级单位中有 10 255 人，所占比例为 8.89%；国家级单位中人才数量最少，有 1 739 人，占全部本科学历生态环保人才的 1.51%。

大学专科学历生态环保人才为 65 796 人，52 415 人分布在区县级单位，占大学专科人才总量的 79.66%；地市级、省级、国家级单位中分布较少，分别有 11 242 人、1 781 人、358 人，所占比例分别为 17.09%、2.71%、0.54%。

中专及以下学历生态环保人才共 30 694 人，其中绝大部分分布在区县级单位中，占此学历段人才总量的 81.97%；地市级、省级、国家级单位中中专及以下学历人才分别为 4 289 人、984 人、261 人，所占比例分别为 13.97%、3.21%、0.85%。

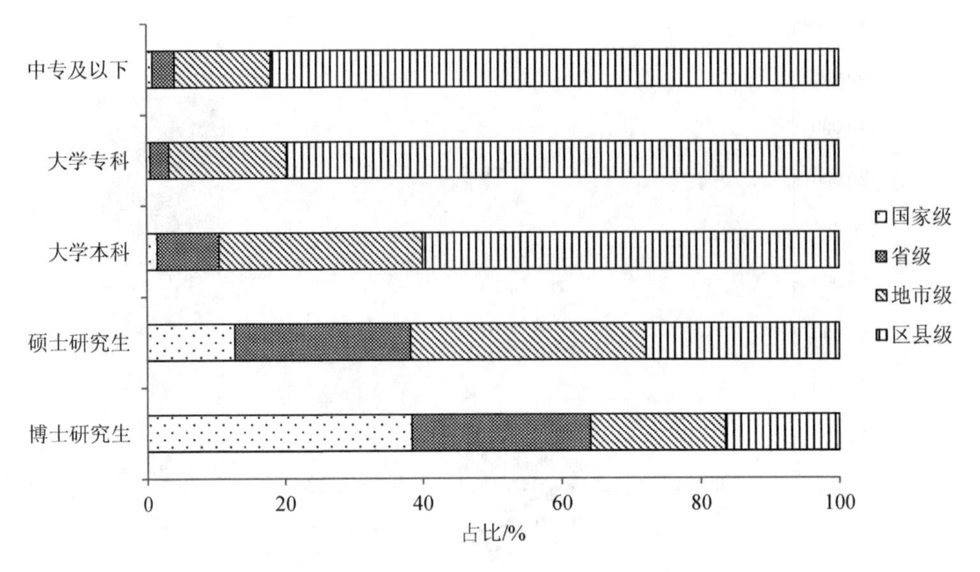

图 3-52　各学历段生态环保人才在各层级单位人数

（3）不同年龄分布

如图 3-53 所示，在国家级单位的 6 178 人中，35 岁及以下人才最多，达到 3 554 人，占国家级单位人才总量的 57.53%；其次是 36～40 岁年龄段人数，有 962 人，所占比例为 15.57%；41～45 岁、46～50 岁、51～54 岁、55 岁及以上人数相对较少，分别为 533 人、417 人、455 人、257 人，所占比例分别为 8.63%、6.75%、7.36%、4.16%。

在省级单位的 19 204 人中，依然是 35 岁及以下人数最多，达到 8 038 人，占省级单位生态环保人才总量的 41.86%；36～40 岁、41～45 岁、46～50 岁人才分别为 3 002 人、2 401 人、2 224 人，所占比例分别为 15.63%、12.50%、11.58%；51～54 岁、55 岁及以上人数相对较少，分别为 1 996 人、1 543 人，比例分别为 10.39%、8.03%。

在地市级单位的 57 401 个生态环保人才中，依然是 35 岁及以下人数最多，为 36.17%，但是其数量为 20 760 人；36～40 岁的人才为 8 323 人，所占比例为 14.50%；41～45 岁人数为 8 661 人，所占比例为 15.09%；46～50 岁的人才为 8 123 人，所占比例为 14.15%；51～54 岁、55 岁及以上人数相对较少，分别为 6 632 人和 4 902 人，所占比例分别为 11.55% 和 8.54%。

区县级生态环保人才最多，达到 153 184 人，其中 35 岁及以下人数最多，有 54 622 人，占区县级人才总数的 35.66%；36～40 岁人才数量也较多，有 26 393 人，所占比例为 17.23%；41～45 岁人才为 26 129 人，所占比例为 17.06%；46～50 岁年龄段人才为 21 685 人，所占比例为 14.16%；51～54 岁、55 岁及以上人数较少，分别为 14 801 人、9 554 人，所占比例分别为 9.66%、6.24%。

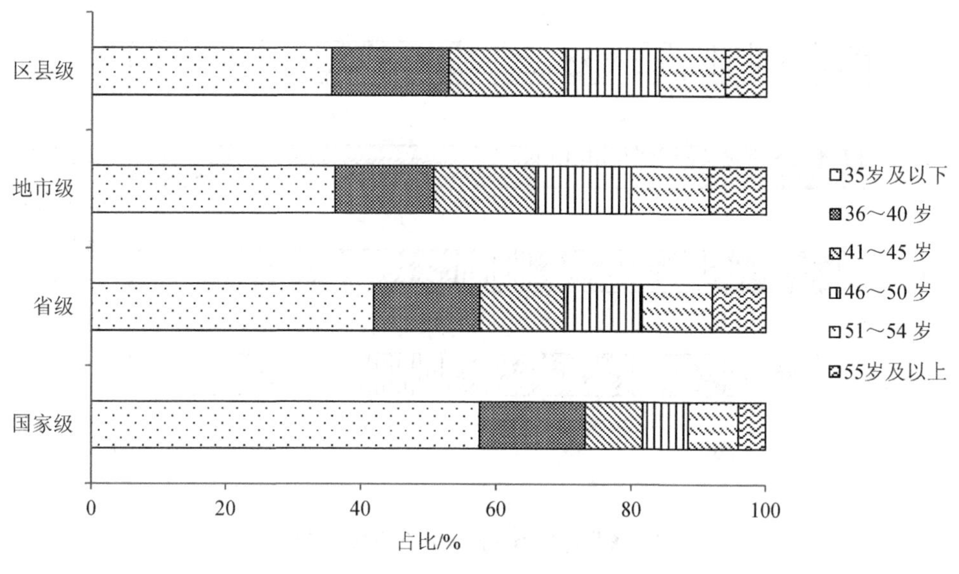

图3-53　各年龄段生态环保人才在各层级单位人数

（4）不同职称分布

如图3-54所示，我国国家级单位中，具有高级职称的生态环保人才为1 737人，其中正高628人，副高1 109人，在国家级单位人才中的比例分别为28.12%、10.17%、17.95%；具有中级职称的人才为1 774人，所占比例为28.71%；具有初级职称的人才为778人，其比例为12.59%；其他人才为1 889人，其比例为30.58%。

在省级单位中，高级职称人才为4 333人，其中正高840人，副高3 493人，在省级单位人才中的比例分别为22.56%、4.37%、18.19%；中级职称人才为4 515人，所占比例为23.51%；初级职称人才为1 917人，所占比例9.98%；其他人才为8 439人，所占比例为43.94%。

在地市级单位中，高级职称人才为6 858人，其中正高769人，副高6 089人，在地市级单位人才中的比例分别为11.95%、1.34%、10.61%；中级职称人才为11 369人，所占比例为19.81%；初级职称人才为7 649人，所占比例为13.33%；其他人才为31 525人，所占比例为54.92%。

区县级单位中，高级职称人才为4 329人，其中正高500人，副高3 829人，在区县单位人才中的比例分别为2.83%、0.33%、2.50%；中级职称人才为19 042人，所占比例为12.43%；初级职称人才为21 365人，其比例为13.95%；其他人才为108 448人，其比例为70.80%。

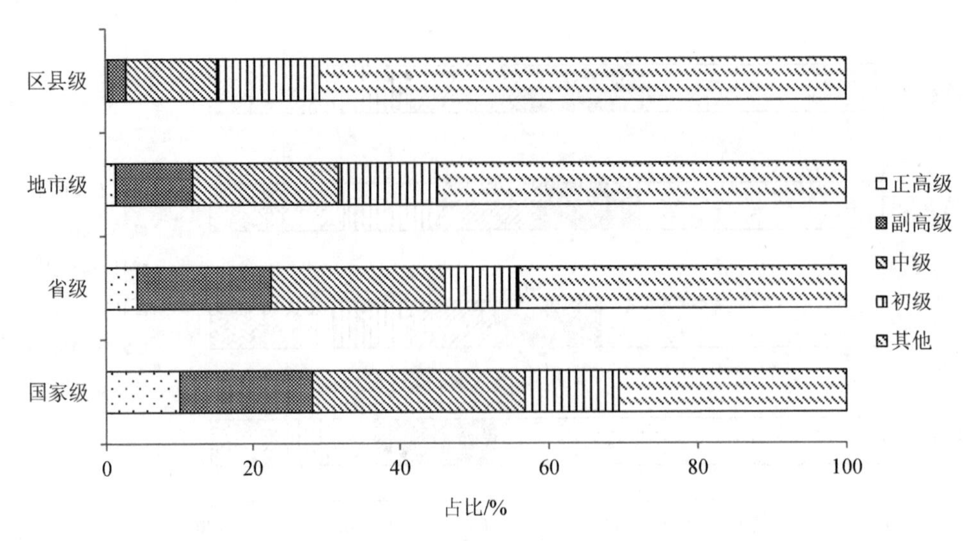

图 3-54　各职称生态环保人才在各层级单位人数

3.2.7　各省（区、市）人才分布情况

（1）党政人才

我国各省（区、市）党政人才数量差别较大。如图 3-55 所示，党政人才数量最多的是四川，为 6 128 人；广东党政人才数量居第二位，有 5 483 人；山东党政人才为 5 073 人，居第三位。青海、海南、宁夏的党政人才数量最少，分别为 476 人、476 人、463 人。

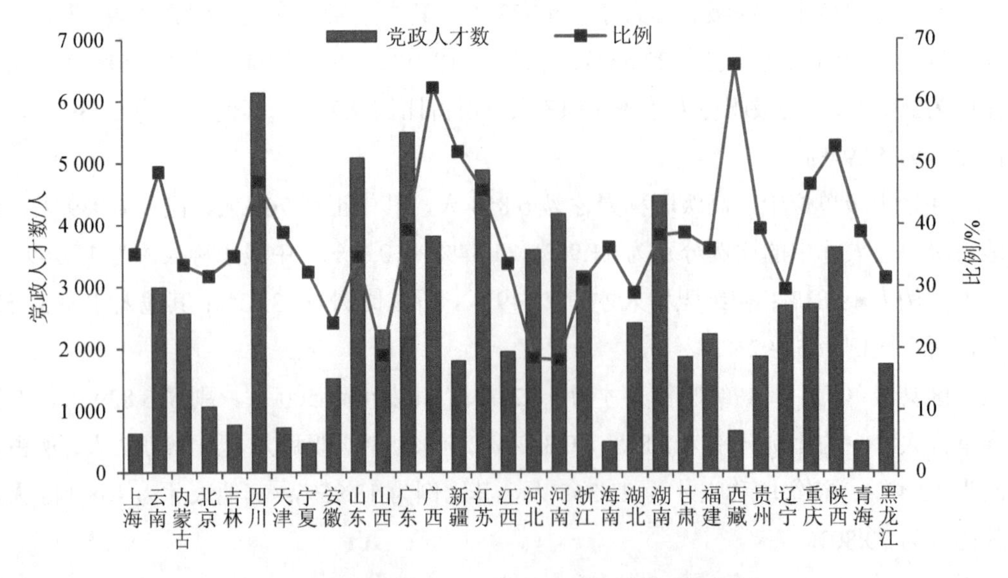

图 3-55　我国各省（区、市）党政人才数及其比例

从各省（区、市）党政人才数占其总人才数的比例来看，西藏党政人才数比例最高，达到65.88%，其次是广西，为62.13%，陕西党政人才数比例居全国第三位，为52.62%。党政人才数比例最小的3个省份为山西、河北和河南，所占比例分别为18.84%、18.40%、18.05%。

（2）专业技术人才

我国专业技术人才中，河南人数最多，为 18 910 人，占全省生态环保人才总数的81.84%；其次是河北，为15 844人，占全省生态环保人才数量的81.48%；排名第三的是山西，有9 856人，所占比例为81.01%。专业技术人才最少的是海南、青海和西藏，分别为837人、752人、334人，占各自省（区）内生态环保人才数量的比例分别为63.75%、61.24%、34.12%。

从专业技术人才数占全省（区、市）生态环保人才数量的比例排名来看，比例最高的省份是河南，为81.84%；其次是河北，其比例为81.48%；然后是山西，为81.01%。专业技术人才比例最低的3个省（区）分别是陕西、广西、西藏，所占比例分别为47.01%、37.85%、34.12%，如图3-56所示。

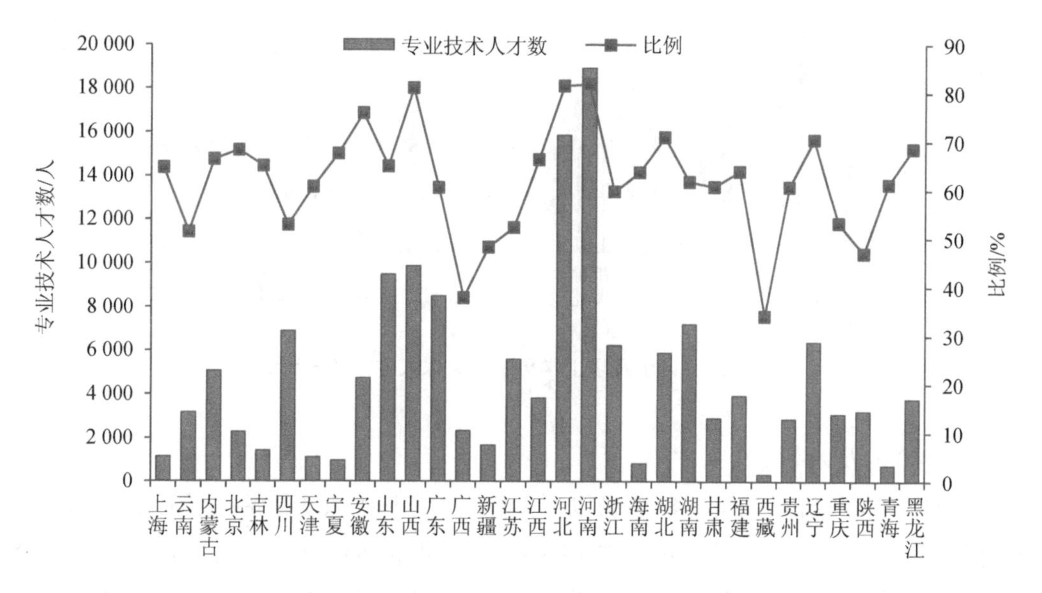

图3-56 我国各省（区、市）专业技术人才数及其比例

（3）企业人才

由于统计时间的问题，只有部分省（区、市）有企业人才数据。分别为：浙江959人、江苏229人、山东40人、广东40人、甘肃27人、河南25人、陕西25人、河北24人、四川23人、山西18人、重庆16人、天津9人、湖北9人、辽宁8人、黑龙江6人、内蒙古5人、云南1人、宁夏1人、安徽1人、广西1人、湖南1人。

（4）硕士及以上学历人才

从各省（区、市）硕士、博士学历人才总量来看，广东（不包括生态环境部及其直属单位）的人数最多，为 1 951 人，占其生态环保人才总量的 13.93%；其次是江苏，有 1 605 人，占全省的比例为 15.01%；山东硕士及以上学历人数紧随其后，为 1 548 人，所占比例为 10.61%。浙江、辽宁、四川各省人数也较多，都在 1 000 人以上。宁夏、青海、西藏人数较少，分别为 98 人、90 人、73 人，占全省（区）的比例分别为 6.85%、7.33%、7.46%。

从硕士、博士学历人才数占全省生态环保人才数量的比例来看，上海最高，为 24.34%；其次是北京，其比例为 22.53%；天津比例为 17.00%。比例最低的几个省份为山西、河北、河南，其比例分别为 3.30%、3.18%、2.67%，如图 3-57 所示。

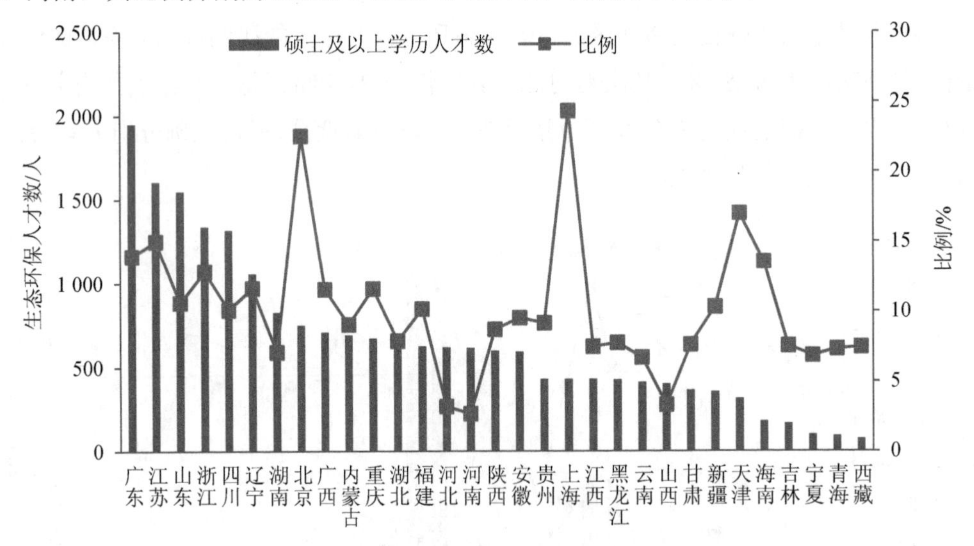

图 3-57 硕士及以上学历生态环保人才数及其比例

（5）40 岁及以下年龄人才

根据统计，各省（区、市）40 岁及以下年龄段生态环保人才数量占了大部分。其中，河南人数最多，为 12 583 人，占全省生态环保总人数的 54.46%；河北 40 岁及以下人数也在万人以上，为 11 124 人，所占比例为 57.20%；广东有 7 862 人，所占比例为 56.15%。排名后三位的省（区）分别为宁夏、青海、吉林。宁夏 40 岁及以下人数为 743 人，所占比例为 51.96%；青海人数为 705 人，其比例为 57.41%；吉林人数为 690 人，所占比例为 31.55%，

西藏 40 岁及以下生态环保人才数占全区人才总量的比例最高，其次是北京，然后是浙江，3 个省（区、市）的比例分别为 79.26%、66.72%、62.89%。湖北、黑龙江、吉林的比例最低，所占比例分别为 42.35%、40.89%、31.55%，如图 3-58 所示。

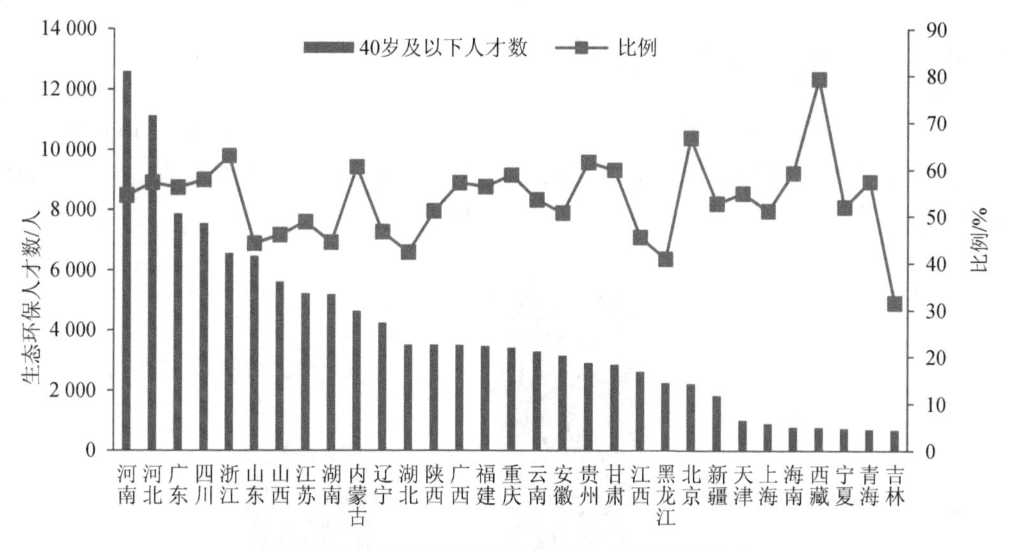

图 3-58 40 岁及以下生态环保人才数及其比例

（6）中级以上职称人才

全国各省（区、市）具有中级以上专业技术职称的生态环保人才，广东最多，为 1 215 人，达到全省生态环保人才数量的 8.68%；浙江为 1 192 人，居全国第二位，占全省的比例为 11.44%；江苏人数比浙江略少，为 1 075 人，所占比例为 10.05%。青海、西藏中级以上职称人数较少，分别为 98 人、13 人，所占比例分别为 7.98%、1.33%。

从中级以上职称人才数占生态环保人才总数的比例来看，天津最高，为 17.33%；黑龙江居第二位，为 16.53%；上海为 14.06%，居第三位。西藏比例最低，仅有 1.33%；其次是河南，为 2.19%；甘肃比例也比较低，为 2.47%，如图 3-59 所示。

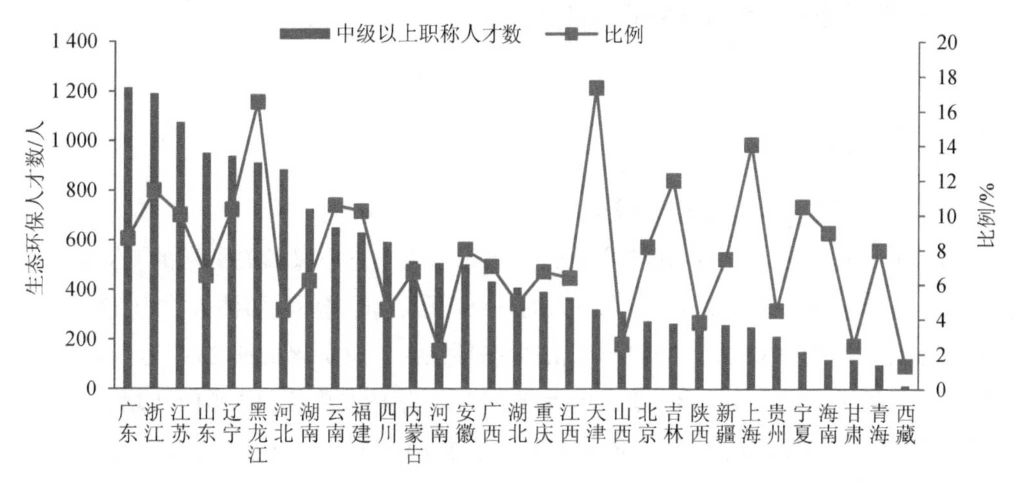

图 3-59 中级以上职称生态环保人才数及其比例

3.2.8 生态环保人才流动情况

2017 年，全国生态环境保护系统流入人才为 15 777 人，流出人才为 13 697 人，人才资源流动率为 12.49%。其中，人才资源流入率为 6.69%，人才资源流出率为 5.80%，见图 3-60。

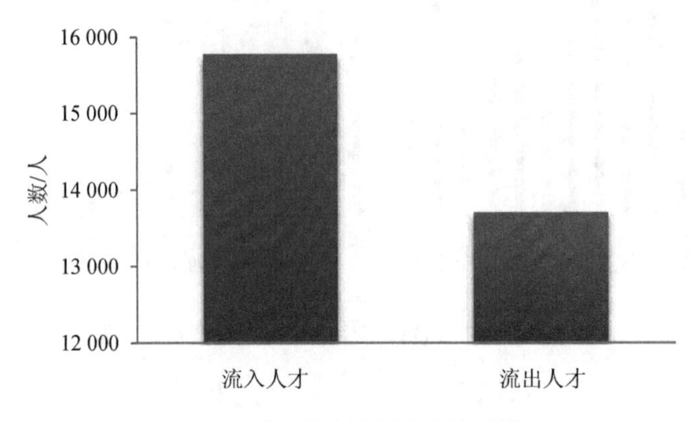

图 3-60 我国生态环保人才流动情况

3.2.9 生态环保人才培养情况

2017 年，全国生态环境保护系统的培训总时长为 7 114 752 h，共培训 754 245 人次，平均每人每年培训时长约 9.43 h；2017 年，全国生态环境保护系统培训投入资金约为 39 985.41 万元，人均培训投入 0.05 万元。

3.3 生态保护人才大数据对比分析

3.3.1 基本面分析

（1）生态环保人才总量稳步增长

2010 年，我国生态环境系统（主要包括国家各级生态环保机关和直属单位的从业人员，不含生态环保产业从业人员）人才共有 17.9 万人，其中环境监测人才为 33 730 人，环境执法人才为 60 652 人。2017 年我国生态环保人才总量增长到 23.6 万人，比 2010 年增长 5.66 万人，增长 31.56%。其中，环境监测人才为 46 179 人，比 2010 年增长 36.9%，增长幅度较大，环境执法人才为 56 103 人，比 2010 年减少 7.50%，如图 3-61 所示。

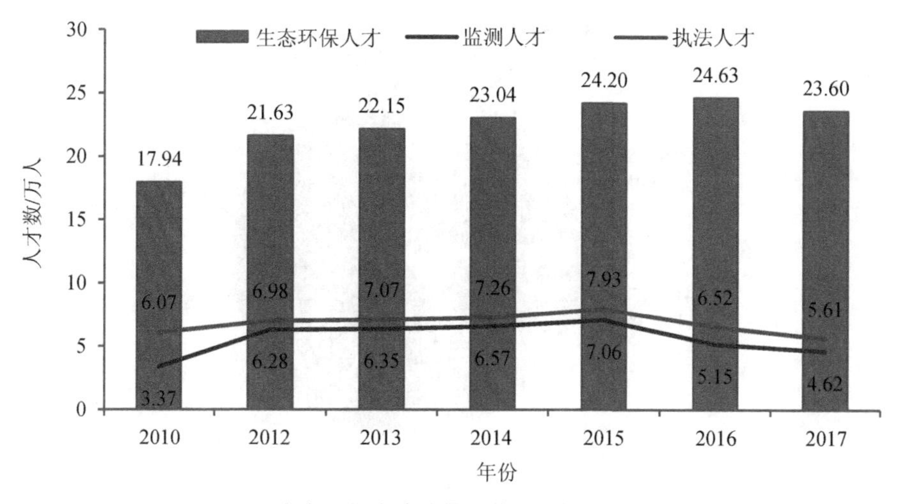

图 3-61　生态环保人才总量及监测、执法人才变化

（2）男性生态环保人才多于女性

2010 年，我国女性生态环保人才共 6.33 万人，占整个生态环境系统人才数量的比例为 35.28%。到 2017 年，全国女性生态环保人才总量为 8.46 万人，占整个生态环保人才总数的比例为 35.86%。总体上看，“十二五”期间，生态环保人才性别比例变化不大，男性所占比例较大（图 3-62）。

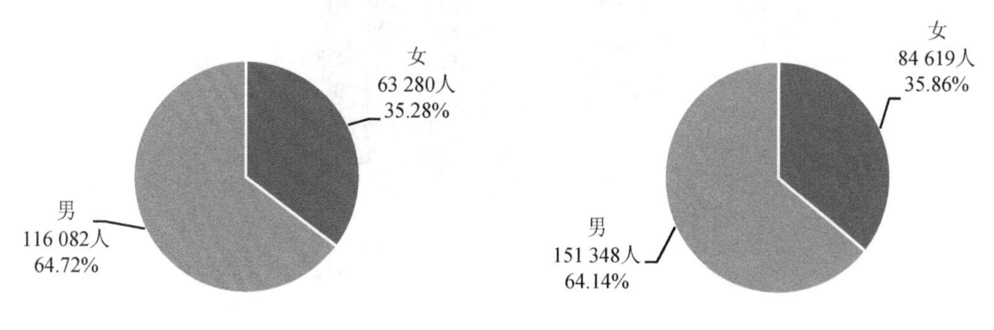

（a）2010 年性别构成　　（b）2017 年性别构成

图 3-62　生态环保人才性别构成

（3）青年生态环保人才数所占比例较高

2010 年，我国 40 岁及以下的青年生态环保人才共计 10.9 万人，占整个生态环保人才总量的 60.82%；50 岁以上的生态环保人才为 1.79 万人，占整个生态环保人才总量的 9.95%。到 2017 年，青年生态环保人才共计 12.57 万人，占整个生态环保人才总量的 53.25%；50 岁以上的生态环保人才为 4.01 万人，占 17.01%。总体上看，我国生态环保人才队伍还是一支较为年轻的队伍（图 3-63）。

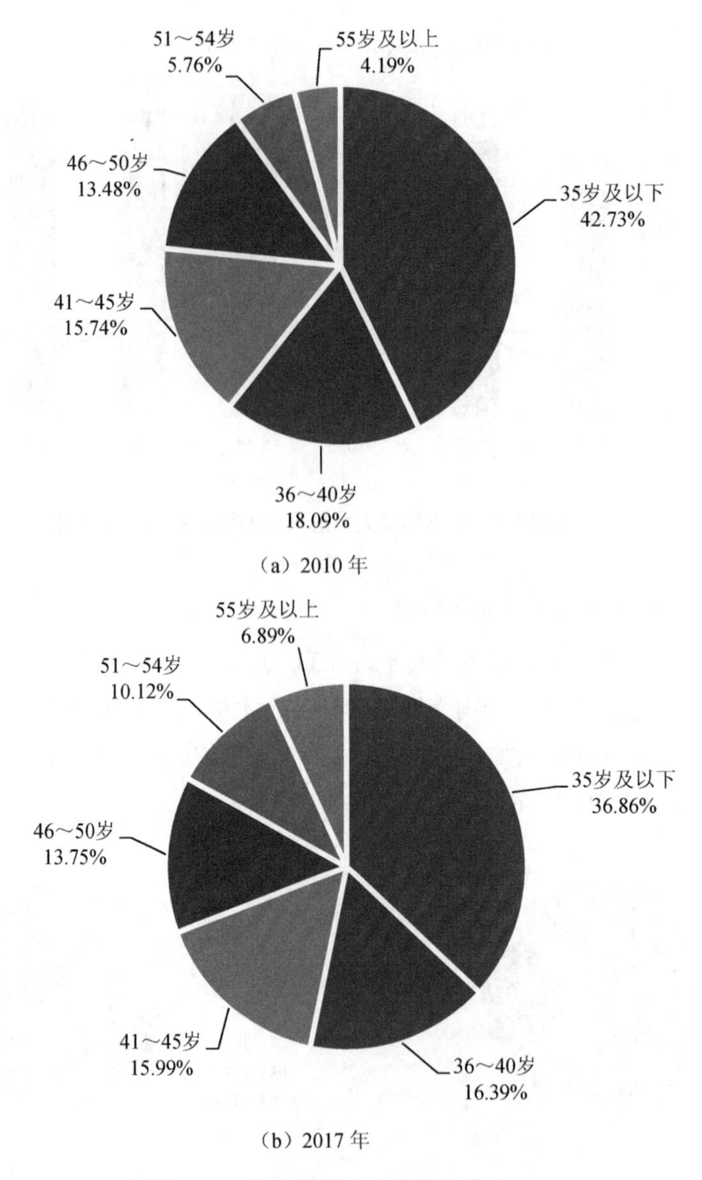

图 3-63　生态环保人才年龄构成

（4）高学历生态环保人才数所占比例较低

2010 年，全国生态环保人才中具有博士、硕士、本科、专科、中专及以下学历的分别为 1 176 人、10 160 人、75 143 人、60 750 人、32 133 人，占生态环保人才数的比例分别为 0.66%、5.66%、41.89%、33.87%和 17.92%。具有硕士及以上学历的人才数占比为 6.32%。到 2017 年，各学历人才数占比分别为 1.25%、8.99%、48.87%、27.88%和 13.01%，具有硕士及以上学历的人才数占生态环保人才总量的比例为 10.24%。高学历人才数占比较低，本科、专科、中专及以下人才数占比较大，但趋势变小，生态环保人才学历结构逐步优化（图3-64）。

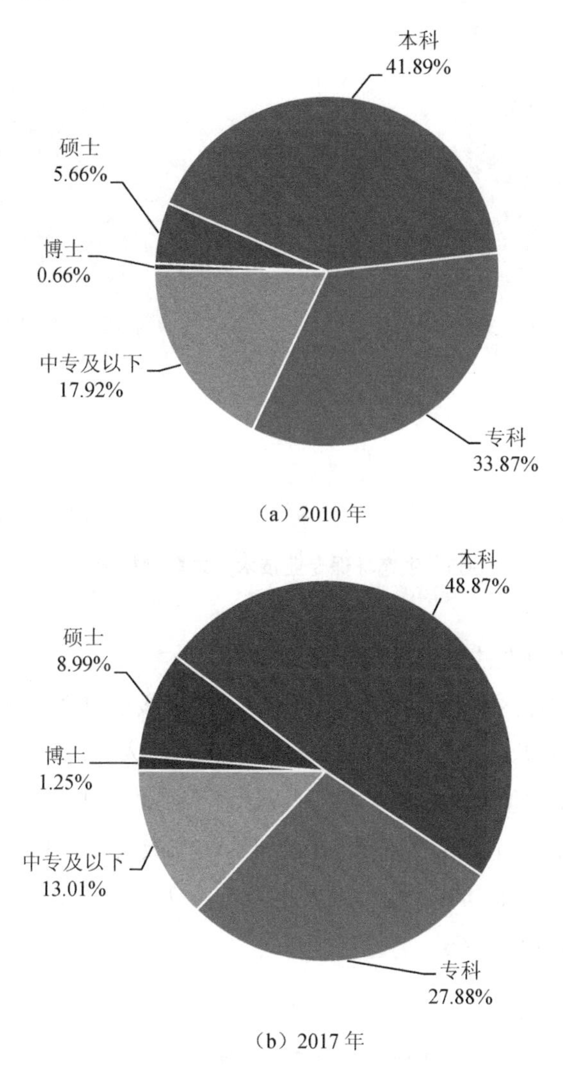

（a）2010年

（b）2017年

图3-64 生态环保人才学历构成

（5）高职称生态环保人才占比较少

2010年，全国专业技术生态环保人才中，具有中级及以上职称的共计2.7万人，其中高级职称0.9万人，中级职称1.8万人。高级、中级、初级、其他人才占专业技术人才数的比例分别为10.40%、21.54%、24.91%和43.15%，到2017年，占比分别为9.66%、20.36%、18.20%和 51.78%。总体上看，具有中级及以上职称的专业技术人才占比没有增长（图3-65）。

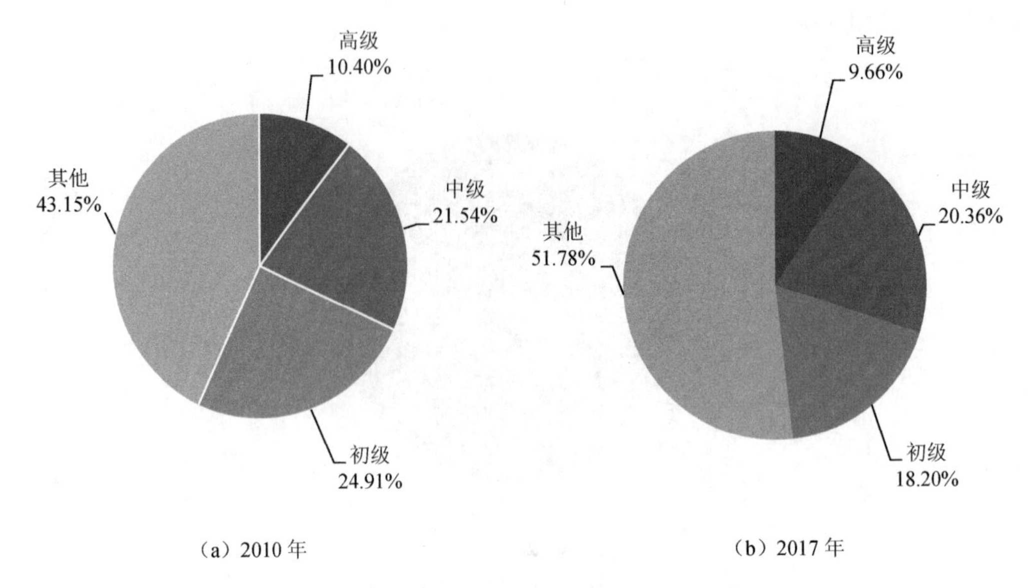

图 3-65 生态环保专业技术人才职称构成

（6）各层级生态环保人才呈金字塔形分布

全国生态环保人才在区县级、地市级、省级、国家级的分布呈现明显的“金字塔”形特征。2010 年，国家级人才为 0.36 万人，占生态环保人才总量的 2.00%；省级人才为 1.4 万人，占 7.96%；地市级人才为 4.2 万人，占 23.60%；区县级（含乡镇）生态环保人才最多，为 11.9 万人，占 66.44%。到 2017 年，国家级人才为 0.62 万人，占 2.62%；省级人才为 1.92 万人，占 8.14%；地市级人才为 5.74 万人，占 24.33%；区县级人才为 15.32 万人，占 64.92%（图 3-66）。

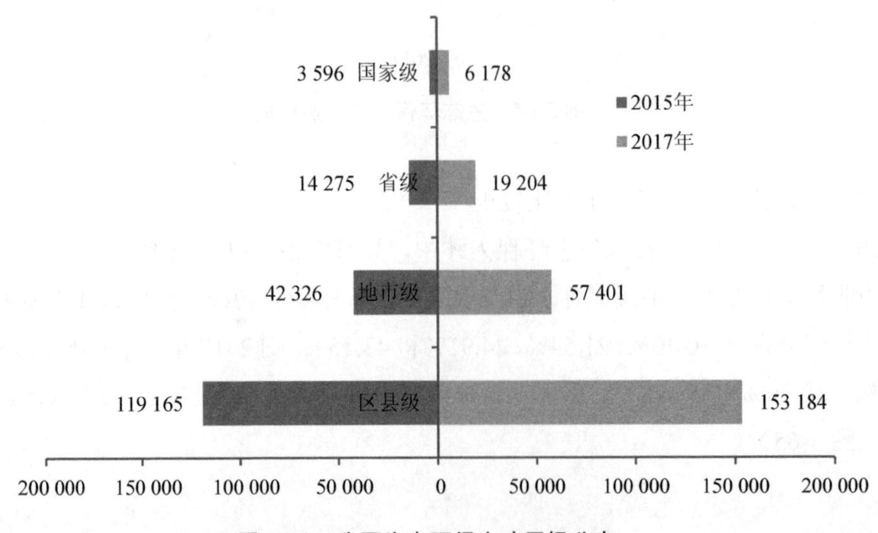

图 3-66 我国生态环保人才层级分布

高素质人才的分布则呈明显的“倒金字塔”形特征。2017年国家级高学历人才（硕士研究生和博士研究生）占该层级的人数比例达61.83%，远高于国家平均水平（10.24%），而区县级高学历人才仅占4.19%（表3-2）。2010年国家级高学历生态环保人才占该层级的比例为52.34%，而区县级仅占2.25%（表3-3）。由此可见，在国家级职位中，生态环保人才的素质较高。

表3-2 2017年我国各层级生态环保人才学历分布情况

层级	合计	2017年学历情况					
		博士研究生	硕士研究生	高学历人才占比/%	大学本科	大学专科	中专及以下
国家级	6 178	1 133	2 687	61.83	1739	358	261
省级	19 204	755	5 429	32.20	10 255	1 781	984
地市级	57 401	572	7 181	13.51	34 117	11 242	4 289
区县级	153 184	486	5 927	4.19	69 196	52 415	25 160
合计	235 967	2 946	21 224	10.24	115 307	65 796	30 694

表3-3 2010年我国各层级生态环保人才学历分布情况

层级	合计	2010年学历情况					
		博士研究生	硕士研究生	高学历人才占比/%	大学本科	大学专科	中专及以下
国家级	3 596	523	1 359	52.34	1 143	338	233
省级	14 275	327	2 853	22.28	7 744	2 056	1 295
地市级	42 326	220	3 368	8.48	23 005	11 290	4 443
区县级	119 165	106	2 580	2.25	43 251	47 066	26 162
合计	179 362	1 176	10 160	6.32	75 143	60 750	32 133

（7）生态环保人才专业领域[①]人才分布不均

从生态环保人才所在的一级业务领域分布来看，2010年从事环境污染防治的人才为2.8万人，约占人才总量的15.83%；从事生态建设与保护的人才为1.60万人，约占人才总量的8.93%；从事核与辐射安全监管的人才为0.48万人，约占人才总量的2.72%；从

① 根据生态环保领域业务划分，生态环保人才从事的业务共分为环境污染防治、生态建设与保护、核与辐射安全监管、生态环保综合业务、行政管理五大领域。其中，环境污染防治包含水污染防治、大气污染防治、固体废物污染防治、噪声与振动防治、多要素综合污染防治、应对气候变化等二级业务领域；生态建设与保护包括水资源保护、水土保持、农村环境保护、村镇人居生态环境保护、土壤环境保护、保护区管理、矿山环境保护、地质环境保护和地质灾害防治、城市园林绿化、森林生态系统保护、野生动植物保护、湿地保护、荒漠化防治、生物多样性保护、生物物种资源保护、草原保护、生态农业、渔业生态环境保护、生物技术安全管理等二级业务领域；核与辐射安全监管包括核安全监管、辐射环境监管、综合监管等二级业务领域；生态环保综合业务包括规划战略、政策法规、科技标准、环境监测、监督执法、生态环境防灾减灾、国际合作、环境影响评价、信息统计、宣传教育、新闻出版等二级业务领域；行政管理包括领导班子、党委、纪检、工会、办公、后勤、人事、财务等二级业务领域。

事生态环保综合业务的人才为 11.87 万人，约占 66.18%；行政管理人才为 3.99 万人，占生态环保人才总量的比例为 22.26%。2017 年各领域人才占比分别为 18.91%、3.21%、1.76%、52.45%、19.33%（图 3-67）。

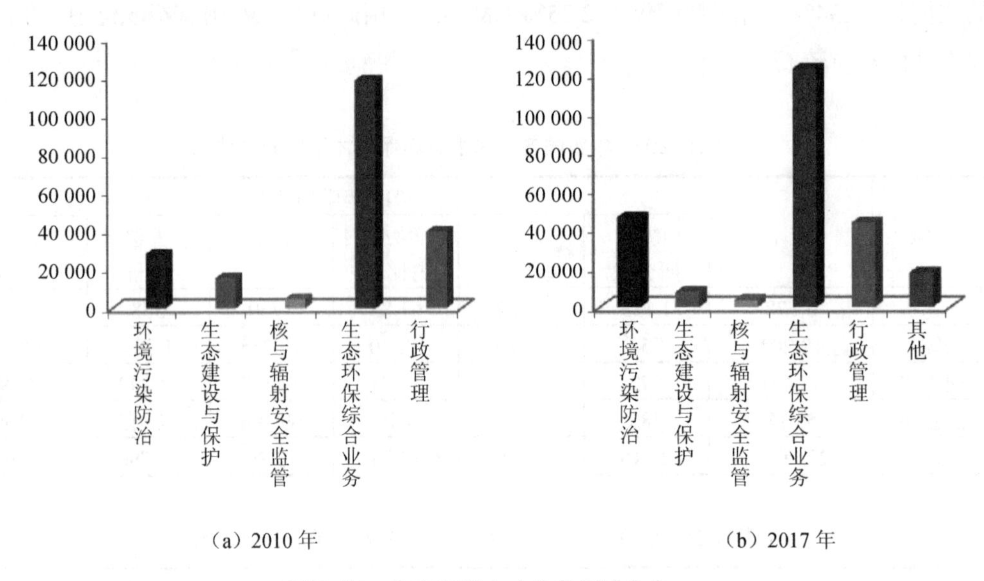

图 3-67 生态环保人才业务领域分布

从生态环保人才所在的二级细分业务领域来看，生态环保综合业务领域从事监督执法、环境监测的人才较多。2017 年，环境监督执法业务领域约有 5.6 万人，占生态环保人才总量的比例为 23.78%；从事环境监测业务的约有 4.6 万人，占生态环保人才总量的 19.57%（图 3-68）。

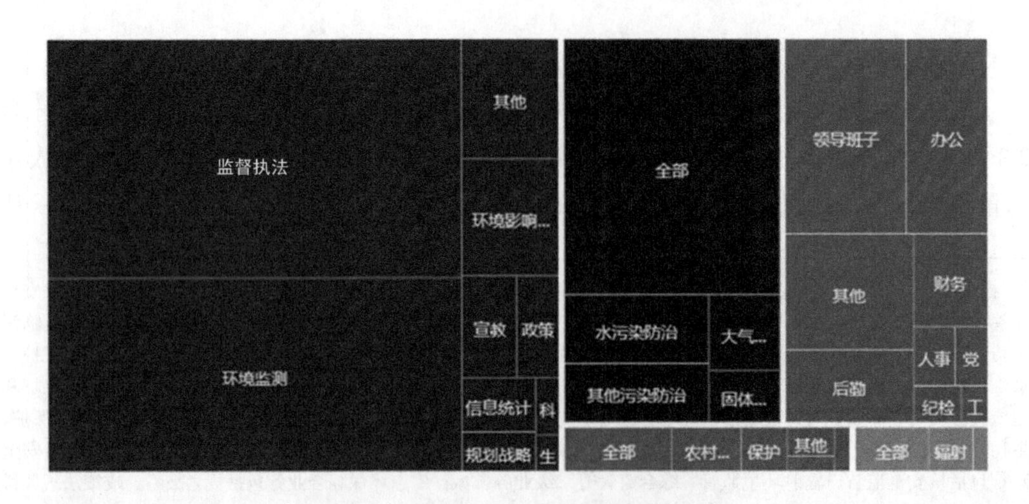

图 3-68 生态环保人才二级业务领域分布

（8）科研生态环保人才素质不断提高

科研生态环保人才发展缓慢，但是高学历和高职称科研生态环保人才占比缓慢上升。2012 年，全国科研生态环保人才共 11 647 人，占生态环保人才总量的 5.39%。其中具有研究生以上学历的科研生态环保人才共 4 145 人，占科研生态环保人才总量的 35.59%；具有高级职称的科研生态环保人才共 2 756 人，占科研生态环保人才总量的 23.66%；科研生态环保人才在国家级、省级、地市级、区县级的分布比例分别为 12.25%、34.63%、44.24%、8.88%。到 2017 年，全国科研生态环保人才有 9 130 人，占生态环保人才总量的 3.87%，科研生态环保人才发展缓慢。2017 年，具有研究生以上学历的科研生态环保人才共 3 580 人，占科研生态环保人才总量的 39.21%，相比 2012 年提升不到 4 个百分点；高级职称科研生态环保人才为 2 715 人，占 29.74%，相比 2012 年提升约 6 个百分点；在国家级、省级、地市级、区县级的分布比例分别为 19.54%、37.50%、37.03%、5.93%，科研生态环保人才向国家级单位和大城市进一步聚集（国家级单位指生态环境部及其直属单位，多位于大城市）（图 3-69、图 3-70）。

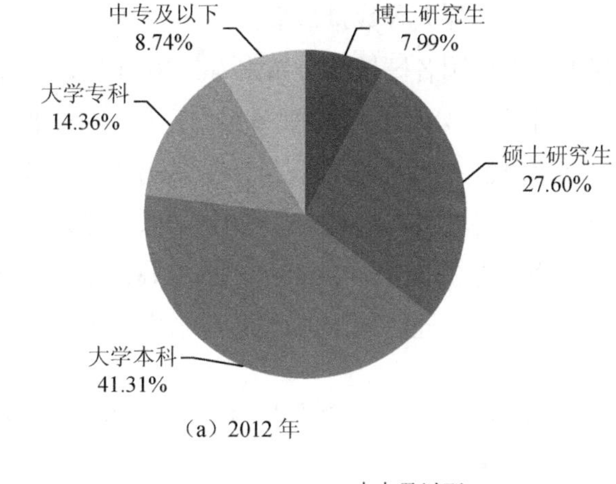

（a）2012 年

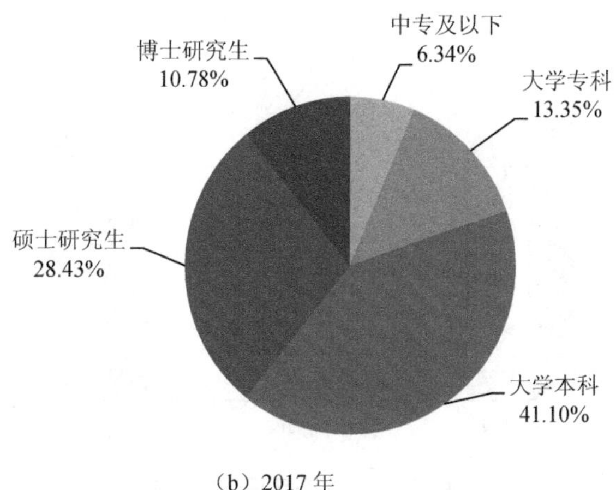

（b）2017 年

图 3-69　科研生态环保人才学历构成

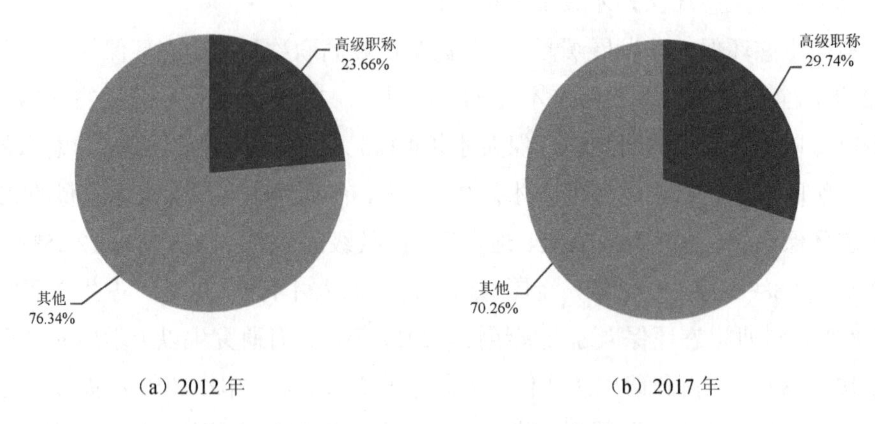

图 3-70 高职称科研生态环保人才数变化情况

3.3.2 时空演化分析

（1）东部地区生态环保人才数量最多

从生态环保人才在全国各区域的分布来看，2010 年，东部地区生态环保人才最多，共计 6.58 万人，占生态环保人才总量的 36.68%；其次是中部地区，为 5.35 万人，所占比例为 29.80%；西部地区略少于中部，共计 4.36 万人，其比例为 24.31%；东北地区人才最少，有 1.65 万人，其比例为 9.21%。2017 年，东部、中部、西部、东北地区生态环保人才数量占比分别为 38.08%、28.48%、26.34%、7.09%。东部和西部地区生态环保人才占比增多，中部和东北地区人才占比减小（图 3-71）。

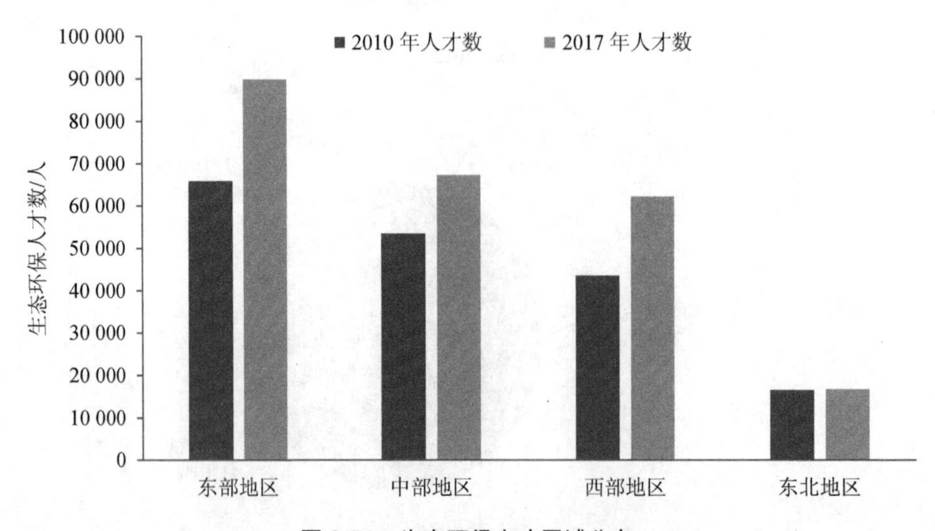

图 3-71 生态环保人才区域分布

（2）人口大省中生态环保人才总量较大

从生态环保人才在全国各省（区、市）的分布来看，2010 年，河南人才最多，为 1.8 万人，占整个生态环保人才总量的 9.93%；西藏生态环保人才最少，只有 605 人，占整个生态环保人才数量的 0.34%。2017 年，生态环保人才最多的省份仍然是河南，有 2.31 万人，占比为 9.79%；西藏生态环保人才最少，占比为 0.41%。2017 年，生态环保人才总量较多的省份还包括河北、山东、广东、四川、山西、湖南、江苏和浙江，都在万人以上（图 3-72）。

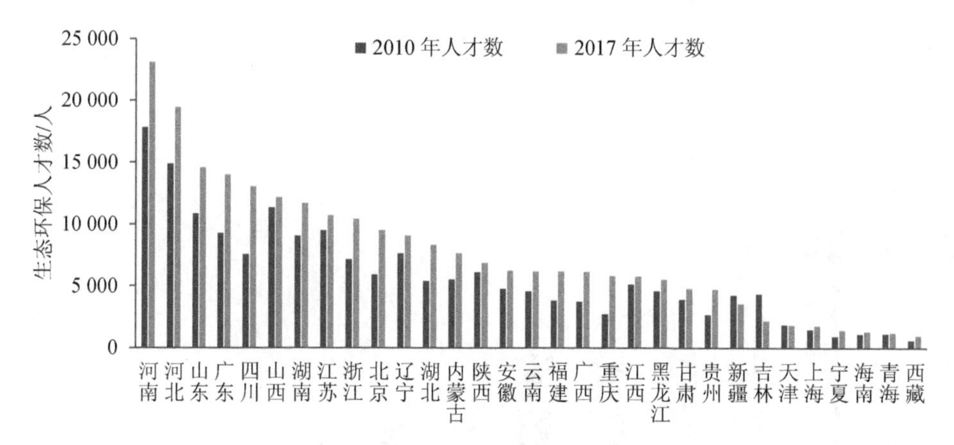

图 3-72　生态环保人才省（区、市）分布

注：中央级生态环保人才计算在北京市内，新疆生产建设兵团生态环保人才计算在新疆，下同。

重庆、贵州、四川等西南部省（市）生态环保人才增长比例最大，重庆增幅达 113.84%；青海、山西、陕西等省份生态环保人才增长速度较慢，吉林、新疆、天津生态环保人才总量负增长（图 3-73）。

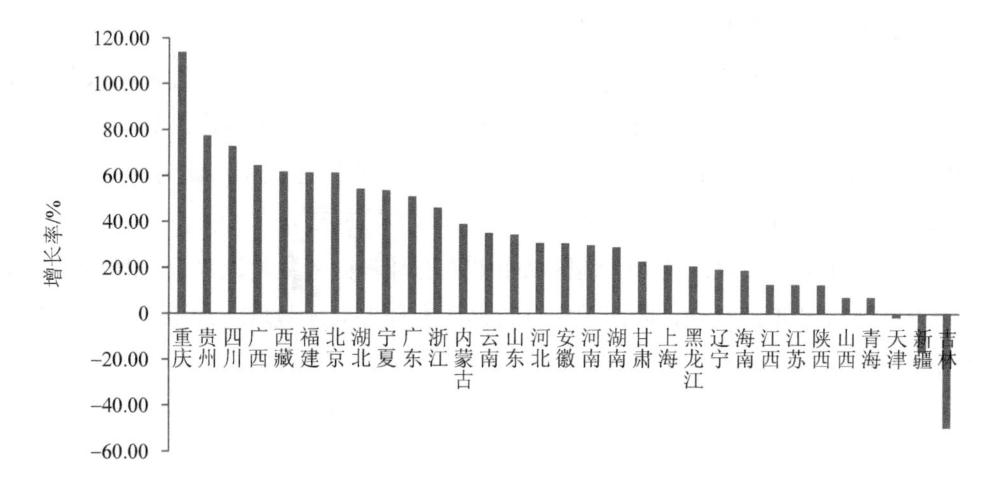

图 3-73　我国各省（区、市）生态环保人才增长率

（3）长江流域生态环保人才数量较多

从生态环保人才在全国主要流域的分布来看，2010 年，人数最多的是长江流域，其次是海河流域，淮河流域居第三，黄河流域排第四，珠江、辽河、东南诸河、松花江、西北诸河、西南诸河流域生态环保人才依次减少，各流域生态环保人才数占比分别为28.04%、17.21%、13.60%、12.73%、8.64%、5.65%、4.95%、4.62%、3.44%、1.12%。到2017年，各流域生态环保人才数占比分别为25.75%、15.95%、13.48%、10.94%、9.92%、4.44%、5.68%、3.44%、2.55%、1.16%（图 3-74）。

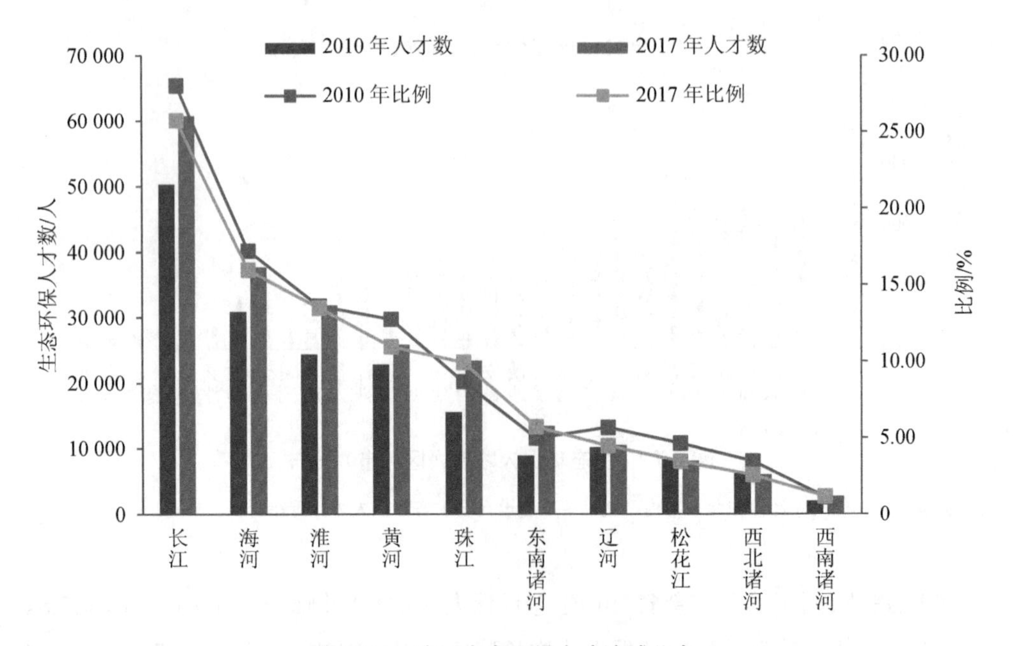

图 3-74 我国生态环保人才流域分布

（4）京津冀、长三角城市群生态环保人才数量较多

从生态环保人才在重点城市群的分布来看，2010 年，京津冀城市群生态环保人才最多，占比为 12.63%；其次是长三角城市群，占比为 10.08%；成渝城市群人数位列第三，占总数的比例为 4.53%。2017 年，京津冀城市群生态环保人才数量占比为 13.05%；长三角城市群占比为 9.70%；成渝城市群占比为 6.11%（图 3-75）。

成渝、山东半岛、武汉及其周边地区城市群生态环保人才数增速较快，海峡西岸城市群生态环保人才数增速最快。陕西关中城市群生态环保人才数增速最慢，山西中北部城市群出现负增长（表 3-4）。

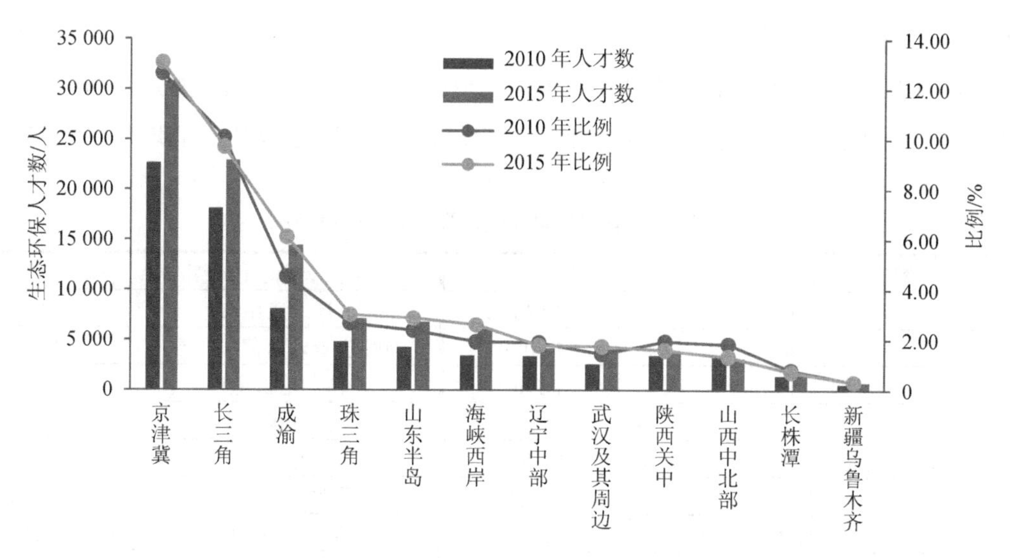

图 3-75　生态环保人才重点城市群分布

表 3-4　我国重点城市群生态环保人才变化情况

重点城市群	2010 年人才数/人	2010 年占全国的比例/%	2017 年人才数/人	2017 年占全国的比例/%	增长率/%
京津冀城市群	22 646	12.63	30 794	13.05	35.98
长三角城市群	18 085	10.08	22 880	9.70	26.51
成渝城市群	8 122	4.53	14 413	6.11	77.46
珠三角城市群	4 760	2.65	7 068	3.00	48.49
山东半岛城市群	4 251	2.37	6 760	2.86	59.02
海峡西岸城市群	3 443	1.92	6 145	2.60	78.48
陕西关中城市群	3 436	1.92	3 720	1.58	8.27
辽宁中部城市群	3 370	1.88	4 170	1.77	23.74
山西中北部城市群	3 264	1.82	3 134	1.33	−3.98
武汉及其周边城市群	2 561	1.43	4 070	1.73	58.92
长株潭城市群	1 417	0.79	1 693	0.72	19.48
新疆乌鲁木齐城市群	556	0.31	762	0.32	37.05
合计	75 911	42.32	105 609	44.76	39.12

（5）发达城市生态环保人才远多于不发达城市

从城市角度看，直辖市、东部沿海及华北地区各城市生态环保人才较多，西部地区各地市面积较大但生态环保人才数量较少。2017 年，生态环保人才数量最多的城市是北京，共计 9 388 人（含生态环境部及其在京直属单位）；其次是重庆，共计 6 553 人；成都有 4 035 人，排名第三；排名前十的其他城市依次是广州、郑州、邢台、石家庄、秦皇岛、杭州和临汾。生态环保人才数量最少的 10 个地市基本位于青海、西藏和云南等省（区），有的地市不足百人。

中西部地区的一些地市生态环保人才数增速较快，如湖北、广西的部分城市；新疆等省（区、市）的部分西部城市以及东北地区部分城市生态环保人才数呈现负增长（表 3-5）。

表 3-5 我国地级城市生态环保人才增速情况

增速最快前 10 城市	增长率/%	增速最慢前 10 城市	增长率/%
湖北鄂州市	4 633.3	河北唐山市	−29.9
山东青岛市	1 205.1	新疆巴音郭楞蒙古自治州	−33.6
广西贺州市	1 176.5	江苏连云港市	−35.6
湖北黄石市	679.5	江苏扬州市	−38.9
河北秦皇岛市	478.4	河北保定市	−39.6
海南儋州市	469.2	黑龙江七台河市	−49.0
吉林延边朝鲜族自治州	413.2	河北张家口市	−53.1
黑龙江双鸭山市	344.9	吉林四平市	−53.3
内蒙古锡林郭勒盟	323.5	吉林白山市	−55.0
青海玉树藏族自治州	264.7	吉林白城市	−63.6

（6）各省（区、市）青年生态环保人才占比差异较大

2017 年，西藏 40 岁及以下青年生态环保人才数占全区生态环保人才数量比例最高，其次是北京，第三是浙江，3 个省（区、市）的比例分别为 79.26%、66.72%、62.89%。贵州、内蒙古、甘肃、海南、重庆、四川、青海的青年人才比例也较高。湖北、黑龙江、吉林的比例最低，其比例分别为 42.35%、40.89%、31.55%。上海、陕西、安徽、江苏、辽宁、山西、江西、湖南、山东青年人才占比较低（图 3-76）。

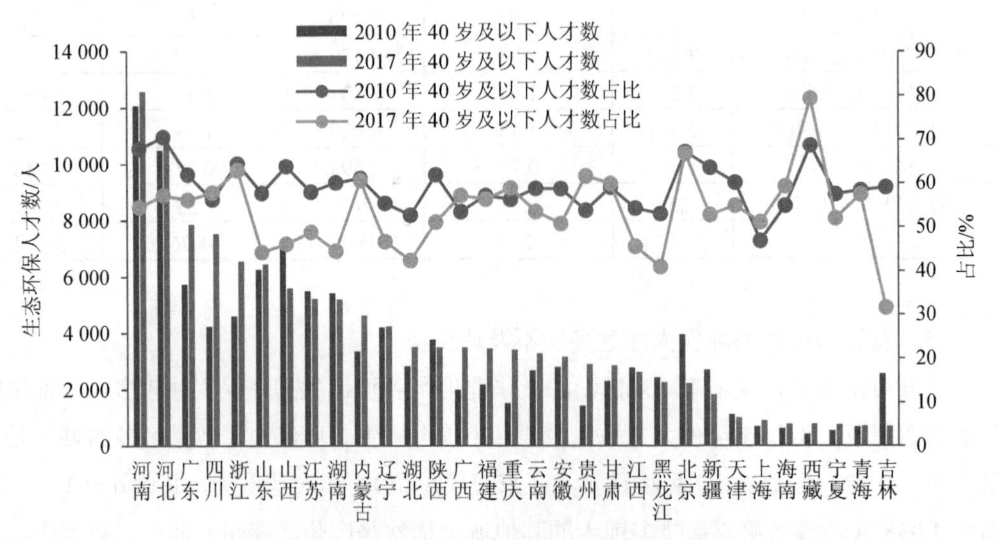

图 3-76 各省（区、市）青年生态环保人才分布

各省（区、市）对青年生态环保人才的吸引力排名见表3-6。

表3-6 各省（区、市）对青年生态环保人才的吸引力排名

省级行政单元	排名	省级行政单元	排名
重庆	1	河北	17
贵州	2	青海	18
西藏	3	河南	19
四川	4	山东	20
广西	5	辽宁	21
福建	6	湖南	22
浙江	7	江苏	23
宁夏	8	江西	24
内蒙古	9	黑龙江	25
广东	10	陕西	26
上海	11	天津	27
海南	12	山西	28
甘肃	13	新疆	29
湖北	14	北京	30
云南	15	吉林	31
安徽	16	—	—

注：以2017年青年生态环保人才数占比和2017年相对2010年青年生态环保人才数占比变化衡量，即前者和后者排名的平均值为各省（区、市）对青年生态环保人才的吸引力排名。下同。

（7）东部沿海和大城市高学历人才较为集中

从高学历生态环保人才总量来看，东部沿海地区明显要多于中部和西部地区。从高学历生态环保人才数占生态环保人才总量的比例来看，从辽宁到广东的东部沿海地区比例较高；湖北、甘肃、宁夏的占比在“十二五”时期增长也较快。2017年，高学历生态环保人才数占比最高的是上海，其次是北京、天津、江苏、广东、海南、浙江、辽宁、重庆、广西、山东。河南比例最低，其次是河北、山西、云南、宁夏、湖南、青海、西藏、江西、吉林（图3-77）。

东部发达省（市）和大城市对高学历生态环保人才的吸引力持续增大。相比2010年，2017年湖北、甘肃、宁夏、河南、河北的高学历生态环保人才数上升较多（表3-7）。

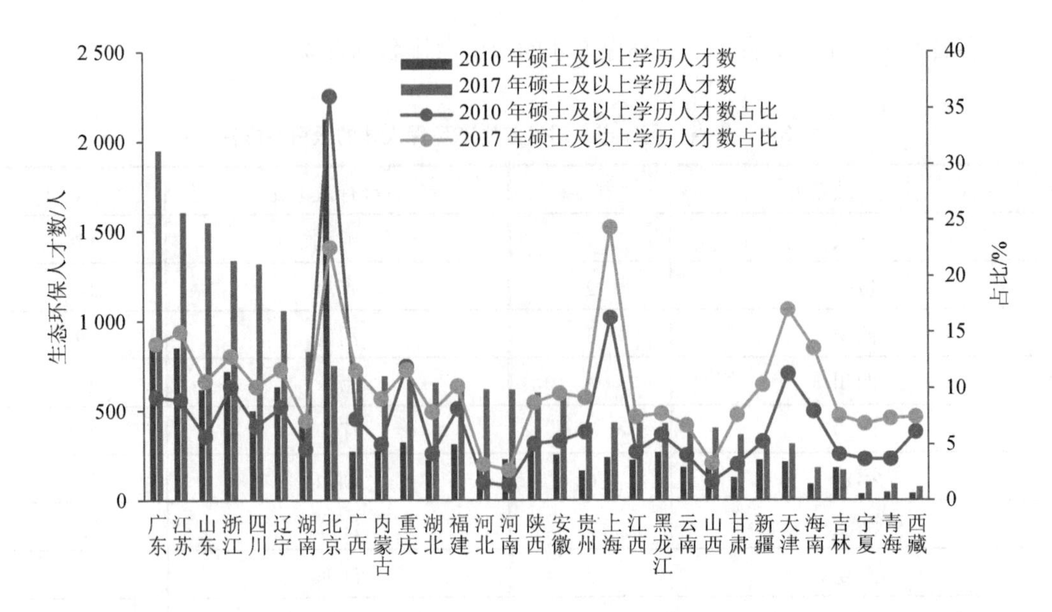

图 3-77 各省（区、市）高学历生态环保人才分布

表 3-7 各省（区、市）对高学历生态环保人才的吸引力排名

省级行政单元	排名	省级行政单元	排名
湖北	1	海南	17
甘肃	2	福建	18
宁夏	3	湖南	19
河南	4	西藏	20
河北	5	陕西	21
贵州	6	江西	22
四川	7	江苏	23
广西	8	浙江	24
内蒙古	9	上海	25
山东	10	辽宁	26
安徽	11	黑龙江	27
广东	12	新疆	28
云南	13	天津	29
山西	14	吉林	30
青海	15	北京	31
重庆	16	—	—

（8）东部地区高职称生态环保人才比例较高

高职称生态环保人才总量较多的 10 个省（区、市）为广东、浙江、江苏、山东、辽宁、黑龙江、河北、湖南、云南、福建。较少的省（区、市）为西藏、青海等。2017

年，高职称生态环保人才数占比较高的是天津、黑龙江、上海、吉林、浙江、云南、宁夏、辽宁、福建、江苏，均在10%以上。西藏、河南、甘肃、山西、陕西、贵州、四川、河北、湖北等地区高职称生态环保人才比例较低，不足5%，特别是西藏不足1%（图3-78）。

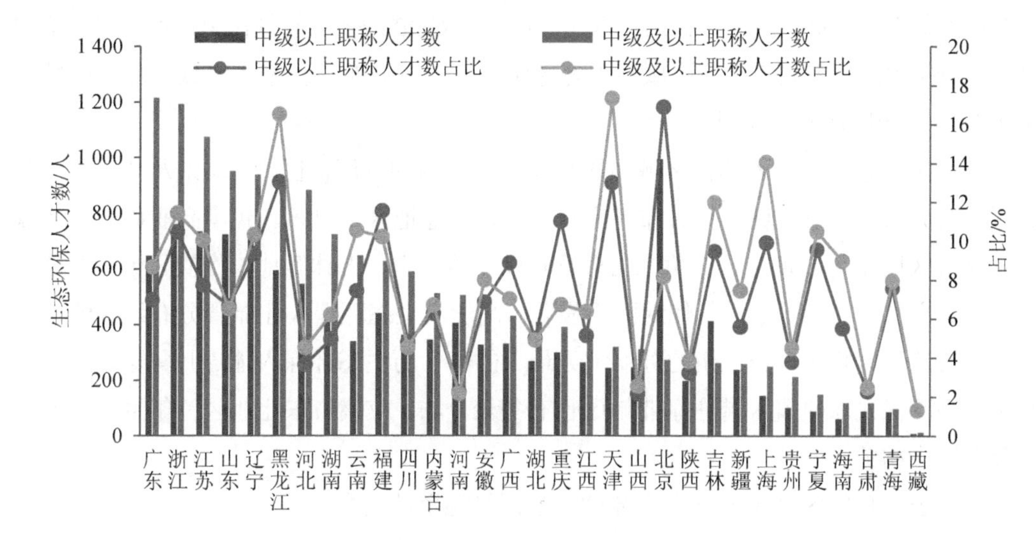

图3-78　各省（区、市）高职称生态环保人才分布

3.3.3　与相关要素的关系分析

（1）单位国土面积和人口拥有的生态环保人才较少

2010年我国每万人口中的生态环保人才为1.34人，单位国土面积的生态环保人才为186.8人/万km^2（其中单位国土面积的环境监测人员为35.1人/万km^2，环境执法人员为63.2人/万km^2）。2017年我国生态环保人才总量为23.596 7万人，每万人口中生态环保人才为1.70人，单位国土面积的生态环保人才为245.03人/万km^2（其中环境监测人员为72.02人/万km^2，环境执法人员为63.74人/万km^2）。总体上看，我国单位人口和单位国土面积对应的生态环保人才数量较少，特别是环境监测和环境执法力量覆盖度较低。

（2）生态环保人才与经济人口热点分布基本一致

空间热点分析通过监测空间数据的总体模式和趋势来进行热点评估。热点分析可以研究某一现象在空间的高值及低值聚集分布情况。我国经济（GDP）热值区域（指该市GDP高，同时其周围各市的GDP也高，以下各要素的含义与之类似）主要分布在京津冀—长三角—珠三角的东部地区，特别是长三角区域是经济发达连片地区。中部偏西的内蒙古、宁夏、陕西、云南、贵州等则为经济冷值（经济欠发达连片聚集）区，其他地区为不显著区域。大量常住人口聚集的区域为京津冀、长三角、珠三角、川渝地区。常住人口相对较少的地区除了上述经济不发达区域，还分布在新疆、西藏、青海部分地市。

其他地区则为常住人口集聚不显著区域。

我国生态环保人才总量的热值区域与人口热值区域具有很大的重叠区域，主要分布在北京、天津、河北、山东、山西、河南等省（市）。生态环保人才总量的冷值区域主要分布在内蒙古、宁夏、陕西、云南、贵州等地，与 GDP 冷值分布规律更接近，但是范围更大。青年生态环保人才热值区域与生态环保人才总量分布规律基本一致，冷值区域与 GDP 冷值分布区域和范围基本一致。

高学历生态环保人才热值区域显著分布在长三角的苏浙沪区域，北京及其以北部分地区也有分布，冷值区域主要分布在宁夏等地，其他地区不显著。我国高职称生态环保人才热值区域显著分布在长三角，北京及其以北的辽宁、吉林等地，冷值区域主要分布在陕西、宁夏、甘肃等地，其他地区不显著。高学历生态环保人才显著分布地区的位置与经济发达程度相关，长三角的苏浙沪为最大的高学历生态环保人才连片集聚区域。高职称生态环保人才热值区域在东北地区也有集聚分布，应该与东北地区青年生态环保人才分布较少相关。

（3）长三角等区域生态环保人才的工业污染源负荷较高

从 2017 年全国各省（区、市）生态环保人才承担的工业污染源数量来看，差异较为明显。长三角、珠三角、京津冀等区域工业源总量较多，生态环保人员承担的监测监管工作量较大，其中广东、浙江、江苏、山东和河北等省份工业源数量在 10 万个以上，分别有 55.48 万个、43.18 万个、25.56 万个、16.62 万个和 14.27 万个。除此以外，我国各地污染形势越来越复杂，还有生活、机动车、无组织排放污染物的繁重监管、监测任务。从生态环保人才人均承担的工业污染源负荷来看，也是长三角、珠三角、京津冀及周边地区最重，人均 10 个以上的省（市）分别为浙江、广东、江苏、上海、福建、天津、安徽、吉林和山东（图 3-79、表 3-8）。

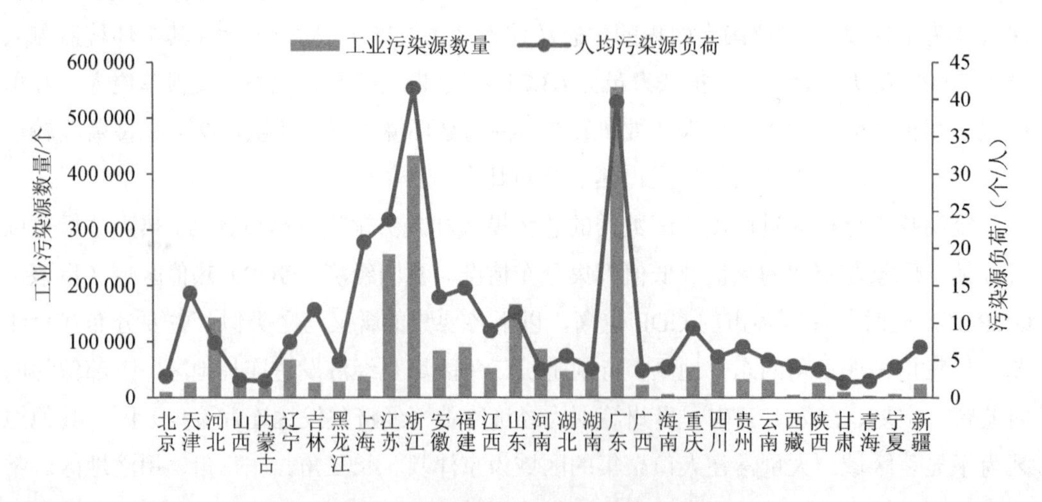

图 3-79　生态环保人才数与工业源负荷分析

表 3-8 各省（区、市）生态环保人才人均工业污染源负荷排名

省级行政单元	排名	省级行政单元	排名
浙江	1	四川	17
广东	2	黑龙江	18
江苏	3	云南	19
上海	4	西藏	20
福建	5	海南	21
天津	6	宁夏	22
安徽	7	湖南	23
吉林	8	河南	24
山东	9	陕西	25
重庆	10	广西	26
江西	11	北京	27
辽宁	12	山西	28
河北	13	青海	29
贵州	14	内蒙古	30
新疆	15	甘肃	31
湖北	16	—	—

（4）生态环保人才总量与主要污染物减排呈正相关

通过分析 2017 年相对 2011 年全国 31 个省（区、市）的主要大气污染物 SO_2、NO_x、烟（粉）尘减排百分比 [（2011 年排放量−2017 年排放量）/2011 年排放量×100%]，进而与这两年生态环保人才总量增幅情况 [（2017 年生态环保人才总量−2011 年生态环保人才总量）/ 2011 年生态环保人才总量×100%] 进行对比。重庆、贵州、四川、广西等省（区、市）生态环保人才数增速较快，主要污染物减排效果也较好；新疆、青海、海南等地生态环保人才数增速较慢，总量减排效果也相对较差（图 3-80）。

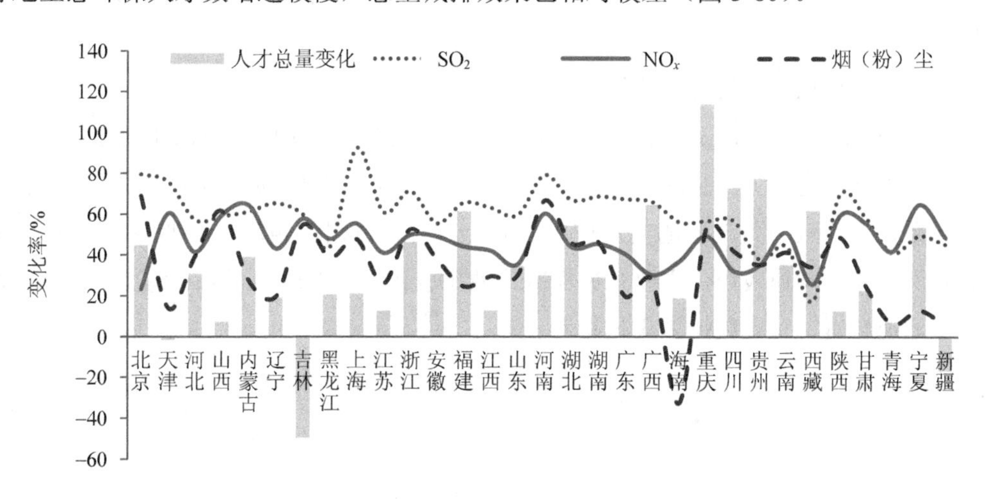

图 3-80 主要污染物排放量与生态环保人才总量变化分析

3.4 生态环保人才队伍建设现状特征

（1）人才快速增长拐点已过

随着我国生态环境问题的凸显和国家对生态环保问题的重视，近几十年我国生态环保人才数量一直快速增长。生态环保人才总量在 2016 年达到峰值，受环评制度改革等因素影响，2017 年及以后人才总量有所下降。其中环境监测和执法人才在 2016 年及以后持续下降。40 岁及以下的青年生态环保人才占比在近几年持续下降，也进一步说明生态环境系统人才引进工作趋缓。

（2）人才增长与区域生态环保需求存在差异

我国生态环保人才区域分布不均匀，主要集中在东部发达地区，中部和西部贫困地区，特别是西藏、新疆、青海等少数民族地区人才数量偏少。中西部地区的生态环境保护工作非常重要，我国的水源地、重要生态保护区大多位于西北和西南地区，这些地区经济欠发达，难以吸引高学历、高层次的生态环保人才，不利于环境问题的解决和环境质量的根本改善。东北等地对生态环保人才的吸引力相对下降，不利于其脆弱的生态环境的保护及雾霾等环境问题的解决。

（3）人才结构不断优化

从学历结构变化来看，虽然整个生态环保人才队伍的知识、专业仍有欠缺，高学历和高职称人才比例不高，但是近年来高学历人员比例有较大提升，硕士及以上学历的人才占比从 2010 年的 6.32%提高到 2017 年的 10.24%。特别是高学历和高职称科研生态环保人才占比都不断上升，2017 年相对 2010 年分别提升约 4 个百分点和 6 个百分点。但是科研生态环保人才向国家级单位和大城市进一步聚集（国家级单位指生态环境部及其直属单位，多位于大城市）。

（4）生态环保人才发挥的作用很大

长三角、京津冀、珠三角各省（区、市）生态环保人才承担的重点污染源数量较多，生态环境管理压力较大。生态环保人才数的增速与主要污染物减排效果呈现出一定的正相关关系，对空气质量改善的支撑作用明显。重庆、贵州、四川、广西等省（区、市）生态环保人才数增速较快，主要污染物减排效果也较好；新疆、青海、海南等地生态环保人才增速较慢，总量减排效果也相对较差。

第 4 章　我国生态环保产业人才资源分析

生态环保产业是知识密集型行业，为促进经济与环境协调发展提供着重要技术支撑和物质基础。近年来，随着国家生态环境保护力度的不断加大，生态环保产业的发展备受关注。而一个产业的振兴与发展必须依赖于先进的科学技术和高质量的优秀专业人才，作为高新技术集中、应用范围广泛的战略性新兴产业，尤其需要投入大量的多领域、多学科、全方位、各种层次、结构合理的高端技术，这更离不开大量优质的人才资源支撑。

4.1　概述

4.1.1　研究背景

近年来，国家制定了一系列政策措施，以加强生态环保产业人才资源开发，推动生态环保产业人才队伍建设。2011 年，环境保护部、国土资源部、住房和城乡建设部、水利部、农业部、国家林业局、中国气象局联合发布了《生态环境保护人才发展中长期规划（2010—2020 年）》，对我国生态环境保护人力资源发展做出规划。《生态环保人才规划》提出要立足生态环境建设和保护的战略要求，以党政人才、专业技术人才和生态环保产业人才为主体，加大体制机制和政策创新，统筹推进各类生态环保人才队伍建设，为生态环保事业的发展提供强有力的人力资源保障。具体到生态环保产业与工程技术人才队伍建设方面，一是要大力推进环保企业经营管理人才和技能人才队伍建设，造就一支数量充足、技艺精湛、结构合理、爱岗敬业，适应生态环保产业发展要求的高技能人才队伍；二是要努力建设一支专业配套、结构合理，以工程设计为主导，涵盖工程施工、监理、设施运行、技术咨询等的综合型、创新型和国际化的生态环境工程技术人才队伍。为保证《生态环保人才规划》提出的各项任务圆满完成，2013 年，环境保护部研究制定了《关于推进〈生态环境保护人才发展中长期规划（2010—2020 年）〉实施的意见》，对今后生态环保人才队伍建设进行了全面部署。

可以说，生态环保产业人才培养的重要性已被提到空前的高度，人才工作正面临着良好的历史机遇，这既为开展生态环保产业人才资源研究创造了很好的条件，也使生态环保产业人才资源研究变得更加紧迫。全面、系统、持续地开展生态环保产业人才资源研究，才能找出中国生态环保产业人才资源发展特点、存在的问题及其原因，为制定生态环保产业人才政策，优化资源配置、调整内部结构提供依据，为促进生态环保产业发展及环境保护工作提供支持。

4.1.2 资料来源及研究方法

本章所有数据均来源于《2016 年全国生态环保产业重点企业基本情况调查》《2017 年全国生态环保产业重点企业基本情况调查》。以 2017 年全国生态环保产业重点企业中从业人员的状况及与 2016 年相比的变化情况来反映全国生态环保产业人才资源的现状及变化趋势。其中，2016—2017 年全国生态环保产业重点企业基本情况调查的调查对象为在我国境内（不包括港、澳、台地区）从事水污染治理、大气污染治理、固体废物处理处置、土壤修复、噪声与振动控制、环境监测等生产经营与服务活动，即从事核心生态环保产业经营活动，且生态环保产业营业收入占所属行业比重相对较大的独立核算的企业法人单位，上述企业的生态环保产业年营业收入之和占本领域生态环保产业营业收入总额的 70%以上。

本章不包括香港特别行政区、澳门特别行政区和台湾地区的相关数据，同时由于 2016 年、2017 年海南、西藏、甘肃、青海未上报调查数据，因此本章亦不包括上述四省（区）的相关数据。

本章为描述性分析报告。主要利用 SQL 及 Excel 分析、处理数据，产出相关表式。

4.1.3 主要研究内容

本章主要描述生态环保产业人力现状及变化趋势，找出生态环保产业人力发展的基本特点、存在的问题及其原因，并提出相关政策建议。

第一部分描述我国生态环保产业人才资源现状，包括生态环保产业人才资源总量及分布、结构、能力等。通过描述生态环保产业重点企业人才资源总量及在地域（各省、自治区、直辖市，东中西及东北地区）、机构、领域的分布情况，描述生态环保产业重点企业从业人员结构（如性别、岗位、职称等），描述生态环保产业重点企业人才资源能力（劳动效率、研发人员素质），并和全国及其他行业从业人员状况展开对比，反映我国生态环保产业人才资源现状、特点。

第二部分描述生态环保产业人才资源变化趋势，主要以时间为参数，通过分析 2016 年、2017 年全国生态环保产业重点企业重合样本中的从业人员数据，并和全国及其他行业从业人员状况展开对比，描述自 2016 年以来全国生态环保产业人才资源数量变化及其发展趋势、分布、结构、从业人员能力变化趋势情况。

第三部分主要是依据上述分析，找出我国生态环保产业人力发展规律及特点、存在的问题，分析产生问题的原因及解决问题的政策建议。

4.2　全国生态环保产业人才资源现状

4.2.1　全国生态环保产业重点企业人才资源总量及分布

2017 年，列入全国生态环保产业重点企业基本情况调查的企业共计 2 413 家，其中包括 A 股上市企业 19 家、新三板挂牌企业 88 家、海外上市企业 2 家，高新技术企业 1 453 家，分别占被调查企业总数的 0.79%、3.65%、0.08%、60.22%。从业人员共 292 533 人，占当年全国就业人员年末人数的 0.04%，占当年全国城镇就业人员年末人数的 0.07%。年营业收入为 2 977.37 亿元，年营业利润为 272.45 亿元。根据 2011 年全国生态环保产业调查结果，2011 年年末，全国核心生态环保产业（生态环境保护产品+服务）从业人员为 913 883 人，比 2004 年增加从业人员 575 990 人，增长率达 63.03%，年均增长 15.27%。按该年均增速估算，2017 年全国核心生态环保产业（生态环境保护产品+服务）从业人员为 214 3820 人，列入全国生态环保产业重点企业基本情况调查的 2 413 家企业的从业人员数约占 2017 年全国核心生态环保产业从业人员数的 13.65%。

（1）从业人员数及地域分布

2017 年年末，全国生态环保产业重点企业从业人员数量排名前五的省份为广东、浙江、云南、福建、江苏。5 个省份生态环保产业重点企业的从业人员分别为 48 838 人、30 008 人、23 925 人、22 760 人、22 271 人，分别占调查范围内从业人员数的 16.69%、10.26%、8.18%、7.78%、7.61%，五省生态环保产业重点企业从业人员占全国生态环保产业重点企业从业人员数的比例为 50.52%，超过一半。东部地区生态环保产业重点企业从业人员数占全国生态环保产业重点企业从业人员数的比例最高，达 51.21%，东北地区生态环保产业重点企业从业人员数占全国生态环保产业重点企业从业人员数的比例最低，仅为 1.6%。从平均每个企业从业人员数来看，河北、北京、山东、贵州、江苏、内蒙古、上海平均每个企业从业人员数较多，超过了 200 人。东部地区平均每个企业从业人员数最多，达 131 人，超过了中、西部地区及东北地区（表 4-1、表 4-2）。

表 4-1　2017 年全国生态环保产业重点企业从业人员数及地区分布

地区	企业数/个	从业人员数/人	每个企业从业人员数/人
全国	2 413	292 533	121
北京	33	12 833	389
天津	45	4 111	91

地区	企业数/个	从业人员数/人	每个企业从业人员数/人
河北	4	1 936	484
山西	62	4 344	70
内蒙古	11	2 214	201
辽宁	42	2 579	61
吉林	31	1 667	54
黑龙江	10	449	45
上海	21	4 209	200
江苏	110	22 271	202
浙江	178	30 008	169
安徽	229	19 627	86
福建	291	22 760	78
江西	59	3 411	58
山东	11	2 851	259
河南	100	11 690	117
湖北	132	16 301	123
湖南	81	15 010	185
广东	449	48 838	109
广西	182	13 043	72
重庆	6	849	142
四川	37	6 398	173
贵州	77	15 603	203
云南	160	23 925	150
陕西	13	2 274	175
宁夏	16	1 328	83
新疆	23	2 004	87

表 4-2 2017 年全国生态环保产业重点企业从业人员数及区域分布

区域	企业数/个	从业人员数/人	每个企业从业人员数/人
全国	2 413	292 533	121
东部	1 142	149 817	131
中部	663	70 383	106
西部	525	67 638	129
东北	83	4 695	57

注：东部地区缺少海南的数据；西部地区缺少西藏、甘肃、青海的数据。

（2）从业人员数及从业机构分布

2017 年，列入全国生态环保产业重点企业基本情况调查的企业共计 2 413 家，从业人员为 292 533 人，平均每个企业从业人员数为 121 人。

1）按从业机构经营范围

2017 年，全国生态环保产业重点企业中环境保护产品制造企业、环境服务企业以及二者兼营的企业数量分别占被调查企业数的 21.72%、59.18%、19.10%，就职于上述机构的从业人员数分别占 21.41%、56.55%、22.04%，与各类型企业数量占比基本保持一致（表 4-3）。从平均每个企业从业人员数来看，环境保护产品制造企业以及二者兼营的企业均高于环境服务企业，体现出环保产品制造企业的劳动密集型特征。

表 4-3　2017 年全国生态环保产业重点企业从业人员数及在不同经营范围企业的分布

经营范围	企业数/个	从业人员数/人	每企业从业人员数/人
环境保护产品制造	524	62 623	120
环境服务	1 428	165 423	116
环境保护产品制造及环境服务	461	64 487	140
总计	2 413	292 533	121

2）按从业机构规模

根据国家统计局《统计上大中小微型企业划分办法》，2017 年，全国生态环保产业重点企业中大、中、小、微型企业数分别占 4.60%、35.47%、36.43%、23.50%，而就职于上述机构的从业人员数分别占 44.10%、40.63%、11.48%、3.79%，大、中型企业聚集了近 85.00%的从业人员，其中大企业平均每个企业从业人员数远高于中、小、微型企业（表 4-4）。

表 4-4　2017 年全国生态环保产业重点企业从业人员数及在不同规模企业的分布

企业规模	企业数/个	从业人员数/人	每个企业从业人员数/人
大型企业	111	129 002	1 162
中型企业	856	118 862	139
小型企业	879	33 579	38
微型企业	567	11 090	20
总计	2 413	292 533	121

3）按是否为高新技术企业

2017 年，全国生态环保产业重点企业中高新技术企业数占 34.69%，其从业人员数占 57.83%，平均每个企业从业人员数也高达非高新技术企业的 2.59 倍（表 4-5）。

表 4-5　2017 年全国生态环保产业重点企业从业人员数及在高新技术企业的分布

企业类型	企业数/个	从业人员数/人	每个企业从业人员数/人
高新技术企业	837	169 175	202
非高新技术企业	1 576	123 358	78
总计	2 413	292 533	121

4）按是否上市

2017 年，列入全国生态环保产业重点企业基本情况调查的企业包括 A 股上市企业 19 家、海外上市企业 2 家、新三板挂牌企业 87 家，分别占被调查企业总数的 0.79%、0.08%、3.65%，上述 3 类企业平均每个企业从业人员分别为 2 227 人、980 人、155 人，非上市及新三板挂牌企业平均每个企业从业人员为 102 人，由此可见，上市企业由于企业规模较大，市场竞争力较强集聚了更多的人才资源（表 4-6）。

表 4-6　2017 年全国生态环保产业重点企业从业人员数及在上市企业、新三板挂牌企业的分布

企业类型	企业数/个	从业人员数/人	每个企业从业人员数/人
A 股上市	19	42 316	2 227
海外上市	2	1 960	980
新三板挂牌	87	13 470	155
非上市及挂牌企业	2 305	234 787	102
总计	2 413	292 533	121

5）按企业登记类型

2017 年，列入全国生态环保产业重点企业基本情况调查的内资企业、港澳台商投资企业、外商投资企业，分别占被调查企业总数的 97.18%、1.78%、0.99%，就职于上述机构的从业人员数分别占 96.29%、2.46%、1.24%，与各类型企业数量占比基本保持一致。从平均每个企业从业人员数来看，港澳台商投资企业、外商投资企业均高于内资企业（表 4-7）。

表 4-7　2017 年全国生态环保产业重点企业从业人员数及在不同登记注册类型企业的分布

企业登记类型	企业数/个	从业人员数/人	每个企业从业人员数/人
内资企业	2 345	281 684	120
港澳台商投资企业	43	7 198	167
外商投资企业	24	3 618	151
总计	2 413	292 533	121

（3）从业人员数及从业领域分布

2017年，列入全国生态环保产业重点企业基本情况调查的从业人员从事水污染防治的占比最高，为16.92%，其次为大气污染防治、固体废物处理处置、环境监测及生态保护，从业人员最少的为土壤修复，仅占1.68%，各领域从业人数占比分布与各领域企业数占比分布一致（表4-8）。

表4-8 2017年全国生态环保产业重点企业从业人员领域分布 单位：人

领域	从业人员数
水污染防治	49 488
大气污染防治	35 859
固体废物处理处置	19 273
土壤修复	4 924
环境监测	20 268
生态保护	8 949
总计	172 599

4.2.2 全国生态环保产业重点企业人才资源结构

（1）性别构成

2017年，列入全国生态环保产业重点企业基本情况调查的292 533个从业人员中，女性从业人员占比27.29%，男女从业人员比例为2.66∶1，且不论企业的经营范围、规模、登记注册类型，是否为高新技术企业、是否上市及新三板挂牌，女性从业人员占比基本分布在25%～30%，与男性从业人员占比相比，均较低。与国民经济十九大门类中的城镇非私营单位女性就业人员占比相比，生态环保产业重点企业中的女性从业人员占比仅高于采矿业，建筑业，交通运输业、仓储和邮政业，与电力、热力、燃气及水生产和供应业持平（表4-9）。

表4-9 2017年分行业城镇非私营单位女性就业人员数及占比

国民经济行业门类	城镇单位女性就业人员数/万人	女性占比/%
合计	6 545.3	37.10
农、林、牧、渔业	89.6	35.08
采矿业	86.3	18.95
制造业	1 821	39.28
电力、热力、燃气及水生产和供应业	102.9	27.29
建筑业	300.7	11.38
批发和零售业	429.1	50.91
交通运输、仓储和邮政业	222.2	26.33

国民经济行业门类	城镇单位女性就业人员数/万人	女性占比/%
住宿和餐饮业	149.9	56.37
信息传输、软件和信息技术服务业	156.3	39.53
金融业	370.5	53.79
房地产业	170.1	38.24
租赁和商务服务业	176	33.68
科学研究和技术服务业	133.5	31.76
水利、环境和公共设施管理业	110.2	41.04
居民服务、修理和其他服务业	36.1	46.16
教育	977.7	56.50
卫生和社会工作	586.9	65.36
文化、体育和娱乐业	70.4	46.25
公共管理、社会保障和社会组织	555.8	32.21

1）按地域

2017 年年末，全国生态环保产业重点企业女性从业人员数量占比排名前五的省份为河北、天津、宁夏、重庆、新疆，分别为 42.10%、38.60%、35.47%、34.28%、34.08%。从分布区域来看，东部、中部地区及东北地区女性从业人员占比较为接近，均在 28%左右，西部地区女性从业人员占比则相对较低，不及 25%（表 4-10、表 4-11）。

表 4-10 2017 年全国生态环保产业重点企业女性从业人员数及地区分布 单位：人

地区	从业人员数	女性从业人员数
全国	292 533	79 819
北京	12 833	3 762
天津	4 111	1 587
河北	1 936	815
山西	4 344	1 147
内蒙古	2 214	425
辽宁	2 579	730
吉林	1 667	505
黑龙江	449	112
上海	4 209	1 163
江苏	22 271	5 959
浙江	30 008	7 899
安徽	19 627	5 391
福建	22 760	5 931
江西	3 411	778
山东	2 851	480
河南	11 690	3 191
湖北	16 301	4 324

地区	从业人员数	女性从业人员数
湖南	15 010	4 231
广东	48 838	15 001
广西	13 043	4 389
重庆	849	291
四川	6 398	1 400
贵州	15 603	3 948
云南	23 925	4 592
陕西	2 274	614
宁夏	1 328	471
新疆	2 004	683

表 4-11　2017 年全国生态环保产业重点企业女性从业人员数及区域分布　单位：人

地区	从业人员数	女性从业人员数
全国	292 533	79 819
东部	149 817	42 597
中部	70 383	19 062
西部	67 638	16 813
东北	4 695	1 347

注：东部地区缺少海南的数据；西部地区缺少西藏、甘肃、青海的数据。

2）按从业机构经营范围

从从业机构的经营范围来看，2017 年，全国生态环保产业重点企业中就职于环境保护产品制造企业、环境服务企业以及二者兼营企业的女性从业人员数占比分布在 25.67%～28.23%（表 4-12）。

表 4-12　2017 年全国生态环保产业重点企业女性从业人员数及在不同经营范围企业的分布

单位：人

经营范围	从业人员数	女性从业人员数
环境保护产品制造	62 623	16 569
环境服务	165 423	46 697
环境保护产品制造及环境服务	64 487	16 553
总计	292 533	79 819

3）按从业机构规模

从从业机构规模来看，2017 年，全国生态环保产业重点企业中就职于大、中、小、微型企业的女性从业人员数占比分布在 26.37%～28.30%，呈现出企业规模越大，女性从业人员所占比重越低的特征（表 4-13）。

表 4-13　2017 年全国生态环保产业重点企业女性从业人员数及在不同规模企业的分布

单位：人

企业规模	从业人员数	女性从业人员数
大型企业	129 002	34 021
中型企业	118 862	33 176
小型企业	33 579	9 483
微型企业	11 090	3 139
总计	292 533	79 819

4）按是否为高新技术企业

2017 年，全国生态环保产业重点企业中就职于高新技术企业的女性从业人员数占比 27.60%，比非高新技术企业女性从业人员数占比高 0.75 个百分点（表 4-14）。

表 4-14　2017 年全国生态环保产业重点企业女性从业人员数及在高新技术企业的分布

单位：人

企业类型	从业人员数	女性从业人员数
高新技术企业	169 175	46 695
非高新技术企业	123 358	33 124
总计	292 533	79 819

5）按是否上市

2017 年，全国生态环保产业重点企业中就职于 A 股上市环保企业的女性从业人员数占比 30.21%，高于海外上市、新三板挂牌、非上市及挂牌企业女性从业人员数占比（表 4-15）。

表 4-15　2017 年全国生态环保产业重点企业女性从业人员数及在上市企业、新三板挂牌企业的分布

单位：人

企业类型	从业人员数	女性从业人员数
A 股上市	42 316	12 783
海外上市	1 960	436
新三板挂牌	13 470	3 727
非上市及新三板挂牌	234 787	62 873
总计	292 533	79 819

6）按企业登记类型

从从业机构的登记注册类型来看，2017 年，全国生态环保产业重点企业中就职于内资企业、港澳台商投资企业及外商投资企业的女性从业人员数占比分布在 26.34%～27.32%（表 4-16）。

表 4-16　2017 年全国生态环保产业重点企业女性从业人员数及在不同登记注册类型企业的分布

单位：人

企业登记类型	从业人员数	女性从业人员数
内资企业	281 684	76 952
港澳台商投资企业	7 198	1 905
外商投资企业	3 618	953
总计	292 533	79 819

（2）岗位构成

2017 年，列入全国生态环保产业重点企业基本情况调查的 292 533 个从业人员中，研发人员、管理人员、技术人员及工人占比分别为 20.69%、14.51%、31.58%、37.31%。

1）按地域

2017 年年末，全国生态环保产业重点企业中研发人员数量占比最高的 5 个省份为天津、新疆、河南、福建、湖北，分别为 36.97%、33.93%、28.29%、26.5%、25.91%；研发人员数占比最低的 5 个省份为内蒙古、贵州、重庆、河北、黑龙江，分别为 7.36%、7.59%、13.90%、15.24%、15.59%。管理人员数量占比最高的 5 个省份为山东、黑龙江、天津、北京、云南，分别为 30.90%、20.94%、19.87%、19.22%、18.21%；管理人员数占比最低的 5 个省份为贵州、河北、上海、广东、江苏，分别为 6.29%、6.87%、11.86%、12.35%、13.18%。技术人员数量占比最高的 5 个省份为天津、河南、云南、湖北、吉林，分别为 56.82%、46.27%、45.88%、44.48%、41.63%；技术人员数占比最低的 5 个省份为重庆、山东、内蒙古、贵州、河北，分别为 16.49%、15.47%、14.68%、13.14%、7.95%。工人数量占比最高的 5 个省份为贵州、重庆、宁夏、辽宁、山东，分别为 78.93%、63.25%、52.03%、48.43%、46.83%；工人数占比最低的 5 个省份为湖北、上海、云南、天津、河北，分别为 24.28%、23.88%、23.87%、18.88%、12.35%。从区域分布来看，2017 年生态环保产业重点企业中东部、中部地区研发人员数占比较高，工人数占比相对较低，而西部地区则研发人员数占比相对较低，工人数占比相对较高，在一定程度上反映了与西部地区相比，东部、中部产业较高端（表 4-17、表 4-18）。

表 4-17 2017 年全国生态环保产业重点企业不同岗位的从业人员数及地区分布

单位：人

地区	从业人员数	研发人员数	管理人员数	技术人员数	工人数
全国	292 533	60 522	42 447	92 388	109 142
北京	12 833	2 626	2 466	2 887	3 491
天津	4 111	1 520	817	2 336	776
河北	1 936	295	133	154	239
山西	4 344	1 058	740	1 686	1 369
内蒙古	2 214	163	315	325	1 008
辽宁	2 579	555	386	657	1 249
吉林	1 667	420	283	694	550
黑龙江	449	70	94	139	146
上海	4 209	780	499	1 259	1 005
江苏	22 271	4 612	2 936	7 006	8 823
浙江	30 008	6 525	4 044	8 572	12 803
安徽	19 627	3 930	3 031	5 548	7 592
福建	22 760	6 032	3 924	7 430	8 726
江西	3 411	814	551	999	1 402
山东	2 851	475	881	441	1 335
河南	11 690	3 307	1 596	5 409	3 696
湖北	16 301	4 224	2 448	7 251	3 958
湖南	15 010	3 699	2 059	4 169	5 510
广东	48 838	7 898	6 031	14 775	16 534
广西	13 043	2 972	1 861	3 791	5 631
重庆	849	118	144	140	537
四川	6 398	1 444	1 051	1 858	2 551
贵州	15 603	1 185	982	2 050	12 316
云南	23 925	4 417	4 357	10 977	5 712
陕西	2 274	406	319	822	737
宁夏	1 328	297	217	345	691
新疆	2 004	680	282	668	755

表 4-18 2017 年全国生态环保产业重点企业不同岗位的从业人员数及区域分布

单位：人

地区	从业人员数	研发人员数	管理人员数	技术人员数	工人数
全国	292 533	60 522	42 447	92 388	109 142
东部	149 817	30 763	21 731	44 860	53 732
中部	70 383	17 032	10 425	25 062	23 527
西部	67 638	11 682	9 528	20 976	29 938
东北	4 695	1 045	763	1 490	1 945

注：东部地区缺少海南的数据；西部地区缺少西藏、甘肃、青海的数据。

2）按从业机构经营范围

从从业机构的经营范围来看，2017 年，全国生态环保产业重点企业中环境保护产品制造及环境服务二者兼营的企业中研发人员、管理人员占比相对较高，环境服务业企业中技术人员的占比高于其他两类企业，环境保护产品制造企业中的工人数占比高于其他两类企业（表 4-19）。

表 4-19　2017 年全国生态环保产业重点企业不同岗位的从业人员数及在不同经营范围企业的分布

单位：人

经营范围	从业人员数	研发人员数	管理人员数	技术人员数	工人数
环境保护产品制造	62 623	13 811	9 343	15 777	26 196
环境服务	165 423	30 742	23 075	58 222	61 702
环境保护产品制造及环境服务	64 487	15 969	10 029	18 389	21 244

3）按从业机构规模

从从业机构的规模来看，2017 年，全国生态环保产业重点企业中研发人员、管理人员、技术人员的数量占比与企业规模呈负相关，即企业规模越大，上述人员的数量占比越小；工人数占比则与企业规模呈现正相关，企业规模越大，工人数占比越高（表 4-20）。

表 4-20　2017 年全国生态环保产业重点企业不同岗位的从业人员数及在不同规模企业的分布

单位：人

企业规模	从业人员数	研发人员数	管理人员数	技术人员数	工人数
大型企业	129 002	23 207	17 202	38 716	48 152
中型企业	118 862	25 695	17 248	37 301	45 622
小型企业	33 579	8 469	5 815	12 221	11 741
微型企业	11 090	3 151	2 182	4 150	3 627
总计	292 533	60 522	42 447	92 388	109 142

4）按是否为高新技术企业

2017 年，全国生态环保产业重点企业中高新技术企业研发人员、管理人员、技术人员的数量占比均高于非高新技术企业，工人数占比则低于非高新技术企业（表 4-21）。

表 4-21　2017 年全国生态环保产业重点企业不同岗位的从业人员数及在高新技术企业的分布

单位：人

企业类型	从业人员数	研发人员数	管理人员数	技术人员数	工人数
高新技术企业	169 175	37 118	25 616	58 760	52 733
非高新技术企业	123 358	23 404	16 831	33 628	56 409
总计	292 533	60 522	42 447	92 388	109 142

5）按是否上市

2017 年，全国生态环保产业重点企业中 A 股上市企业、海外上市企业、新三板挂牌企业、非上市及新三板挂牌企业中研发人员、管理人员、技术人员、工人四类人员的数量所占各类人员从业人员数的比重与上述四类企业从业人员的数量所占总从业人员数的比例构成基本一致（表 4-22）。

表 4-22 2017 年全国生态环保产业重点企业不同岗位的从业人员数及在上市企业、新三板挂牌企业的分布

单位：人

企业类型	从业人员数	研发人员数	管理人员数	技术人员数	工人数
A 股上市	42 316	8 629	5 104	9 777	11 879
海外上市	1 960	90	236	365	1 290
新三板挂牌	13 470	3 450	2 484	4 147	4 168
非上市及新三板挂牌	234 787	48 353	34 623	78 099	91 805
总计	292 533	60 522	42 447	92 388	109 142

6）按企业登记类型

从从业机构的登记注册类型来看，2017 年，全国生态环保产业重点企业中内资企业的研发人员、技术人员的数量的比重高于港澳台商投资企业及外商投资企业，工人数占比则低于港澳台商投资企业及外商投资企业，反映出港澳台及外商投资企业在国内的经营活动以加工为主，而研发等业务活动或多在境外开展（表 4-23）。

表 4-23 2017 年全国生态环保产业重点企业不同岗位的从业人员数及在不同登记注册类型企业的分布

单位：人

企业登记类型	从业人员数	研发人员数	管理人员数	技术人员数	工人数
内资企业	281 684	59 074	41 088	89 911	104 328
港澳台商投资企业	7 198	934	833	1 700	2 886
外商投资企业	3 618	514	514	775	1 909
总计	292 533	60 522	42 447	92 388	109 142

（3）职称结构

2017 年，列入全国生态环保产业重点企业基本情况调查的 292 533 个从业人员中，有专业技术职称的人员为 84 811 人，占 28.99%。其中，具有高级技术职称、中级技术职称及初级技术职称的人员分别为 16 102 人、33 591 人、35 118 人，分别占调查范围内从业人员数的 5.50%、11.48%、12.00%。

1）按地域

2017 年年末，全国生态环保产业重点企业中具有技术职称的人员数量占比最高的

5 个省份为天津、云南、河南、湖北、吉林，分别为 66.19%、52.46%、50.86%、47.40%、40.67%；具有技术职称的人员数占比最低的 5 个省份为内蒙古、河北、贵州、重庆、北京，分别为 9.58%、10.38%、12.36%、12.37%、12.47%。其中，具有高级技术职称的人员数占比最高的 5 个省份为天津、湖北、云南、吉林、河南，分别为 19.44%、13.72%、10.96%、10.32%、8.96%；具有高级技术职称的人员数占比最低的 5 个省份为内蒙古、河北、重庆、山东、上海，分别为 1.13%、1.55%、1.77%、1.86%、2.09%。从区域分布来看，2017 年生态环保产业重点企业中中部地区具有高、中、初级专业技术职称的从业人员数占比相对较高，其次为东北地区和西部地区，而东部地区三类从业人员数的占比则相对较低，不及全国平均水平（表 4-24、表 4-25）。

表 4-24　2017 年全国生态环保产业重点企业中具有专业技术职称的从业人员数及地区分布

单位：人

地区	从业人员数	具有高级技术职称人员数	具有中级技术职称人员数	具有初级技术职称人员数
全国	292 533	16 102	33 591	35 118
北京	12 833	501	666	433
天津	4 111	799	1 270	652
河北	1 936	30	71	100
山西	4 344	261	705	771
内蒙古	2 214	25	54	133
辽宁	2 579	108	300	235
吉林	1 667	172	244	262
黑龙江	449	32	67	71
上海	4 209	88	309	430
江苏	22 271	812	2 429	3 576
浙江	30 008	1 413	3 029	3 271
安徽	19 627	1 173	2 569	2 530
福建	22 760	1 031	2 973	3 040
江西	3 411	143	330	420
山东	2 851	53	147	223
河南	11 690	1 047	2 482	2 416
湖北	16 301	2 237	2 932	2 557
湖南	15 010	546	1 442	1 340
广东	48 838	1 400	3 461	3 736
广西	13 043	476	1 280	1 235
重庆	849	15	40	50
四川	6 398	437	881	805
贵州	15 603	449	629	851
云南	23 925	2 621	4 636	5 295

地区	从业人员数	具有高级技术职称人员数	具有中级技术职称人员数	具有初级技术职称人员数
陕西	2 274	103	265	226
宁夏	1 328	35	95	140
新疆	2 004	95	285	320

表 4-25 2017 年全国生态环保产业重点企业中具有专业技术职称的从业人员数及区域分布

单位：人

地区	从业人员数	具有高级技术职称人员数	具有中级技术职称人员数	具有初级技术职称人员数
全国	292 533	16 102	33 591	35 118
东部	149 817	6 127	14 355	15 461
中部	70 383	5 407	10 460	10 034
西部	67 638	4 256	8 165	9 055
东北	4 695	312	611	568

注：东部地区缺少海南的数据；西部地区缺少西藏、甘肃、青海的数据。

2）按从业机构经营范围

从从业机构的经营范围来看，2017 年，全国生态环保产业重点企业中就职于环境服务企业的具有职称的人员数占比为 32.84%，高于环境保护产品制造企业 8.26 个百分点，就职于环境服务企业的高、中、初级职称人员的数量占比均高于环境保护产品制造企业（表 4-26）。

表 4-26 2017 年全国生态环保产业重点企业中具有专业技术职称的从业人员数及在不同经营范围企业的分布

单位：人

经营范围	从业人员数	具有高级技术职称人员数	具有中级技术职称人员数	具有初级技术职称人员数
环境保护产品制造	62 623	2 277	5 997	7 119
环境服务	165 423	11 272	21 716	21 343
环境保护产品制造及环境服务	64 487	2 553	5 878	6 656

3）按从业机构规模

从从业机构的规模来看，2017 年，全国生态环保产业重点企业大、中、小、微型企业中具有专业技术职称的人员分别为 35 782 人、33 176 人、11 577 人、4276 人，占各规模企业从业人员数的比重分别为 27.74%、27.91%、34.48%、38.56%，呈现出企业规模越大，具有职称的人员数量越多，占比却越小的趋势（表 4-27）。

表4-27　2017年全国生态环保产业重点企业中具有专业技术职称的从业人员数及在不同规模企业的分布

单位：人

企业规模	从业人员数	具有高级技术职称人员数	具有中级技术职称人员数	具有初级技术职称人员数
大型企业	129 002	7 374	13 429	14 979
中型企业	118 862	5 782	13 821	13 573
小型企业	33 579	2 139	4 588	4 850
微型企业	11 090	807	1 753	1 716
总计	292 533	16 102	33 591	35 118

4）按是否为高新技术企业

2017年，全国生态环保产业重点企业中高新技术企业具有专业技术职称的人员数及占比均高于非高新技术企业，而具有高级技术职称的人员数占比则低于非高新技术企业（表4-28）。

表4-28　2017年全国生态环保产业重点企业中具有专业技术职称的从业人员数及在高新技术企业的分布

单位：人

企业类型	从业人员数	具有高级技术职称人员数	具有中级技术职称人员数	具有初级技术职称人员数
高新技术企业	169 175	8 942	19 894	21 002
非高新技术企业	123 358	7 160	13 697	14 116
总计	292 533	16 102	33 591	35 118

5）按是否上市

2017年，全国生态环保产业重点企业中上市企业具有专业技术职称的人员数及占比均远低于新三板挂牌企业、非上市及新三板挂牌企业，具有高级、中级、初级技术职称的人员数占比也低于上述两类企业（表4-29）。

表4-29　2017年全国生态环保产业重点企业中具有专业技术职称的从业人员数及在上市企业、新三板挂牌企业的分布

单位：人

企业类型	从业人员数	具有高级技术职称人员数	具有中级技术职称人员数	具有初级技术职称人员数
A股上市	42 316	945	2 252	2 712
海外上市	1 960	31	79	88
新三板挂牌	13 470	589	1 539	1 543
非上市及新三板挂牌	234 787	14 537	29 721	30 775
总计	292 533	16 102	33 591	35 118

6）按企业登记类型

从从业机构的登记注册类型来看，2017 年，全国生态环保产业重点企业中的内资企业里具有专业技术职称的人员数及占比远高于港澳台商投资企业及外商投资企业，且具有高、中、初级专业技术职称的人员数和占比都高于其他两类企业（表 4-30）。

表 4-30　2017 年全国生态环保产业重点企业中具有专业技术职称的从业人员数及在不同登记注册类型企业的分布　单位：人

企业登记类型	从业人员数/人	具有高级技术职称人员数/人	具有中级技术职称人员数/人	具有初级技术职称人员数/人
内资企业	281 684	15 800	32 704	34 320
港澳台商投资企业	7 198	165	605	588
外商投资企业	3 618	137	281	209
总计	292 533	16 102	33 591	35 118

4.2.3　全国生态环保产业重点企业人才资源能力

（1）劳动效率

2017 年，全国生态环保产业重点企业的人均营业收入为 101.78 万元，低于 2017 年规模以上工业企业人均主营业务收入（126.5 万元）。

1）按地域

2017 年年末，全国生态环保产业重点企业人均营业收入排名前五的省份为天津、北京、云南、湖北、江苏，分别为 344.57 万元、219.97 万元、212.73 万元、165.22 万元、111.82 万元；最低的 5 个省份为黑龙江、河南、广西、吉林、重庆，分别为 47.5 万元、47.39 万元、42.78 万元、39.34 万元、20.04 万元。从区域来看，2017 年生态环保产业重点企业中东部地区企业的人均营业收入最高，达 126.50 万元，其次为西部地区和中部地区，均未超过 82 万元，东北地区最低，仅为 54.65 万元，尚不及东部地区人均营业收入的一半（表 4-31、表 4-32）。

表 4-31　2017 年全国生态环保产业重点企业在不同地区的人均营业收入　单位：万元

地区	人均营业收入
全国	101.78
北京	219.97
天津	344.57
河北	66.48
山西	72.64
内蒙古	93.59
辽宁	77.10

地区	人均营业收入
吉林	39.34
黑龙江	47.50
上海	89.72
江苏	111.82
浙江	88.87
安徽	59.57
福建	88.05
江西	49.86
山东	60.76
河南	47.39
湖北	165.22
湖南	83.45
广东	68.26
广西	42.78
重庆	20.04
四川	64.31
贵州	78.12
云南	212.73
陕西	87.27
宁夏	67.60
新疆	64.44

表 4-32　2017 年全国生态环保产业重点企业在不同区域的人均营业收入　单位：万元

地区	人均营业收入
全国	101.78
东部	126.50
中部	79.69
西部	81.21
东北	54.65

注：东部地区缺少海南的数据；西部地区缺少西藏、甘肃、青海的数据。

2）按从业机构经营单位

2017 年，全国生态环保产业重点企业中环境保护产品制造、环境服务二者兼营企业的人均营业收入远高于环境保护产品制造企业、环境服务企业，环境服务企业人均营业收入稍高于环境保护产品制造企业（表 4-33）。

表 4-33 2017 年全国生态环保产业重点企业中不同经营范围企业的人均营业收入 单位：万元

经营范围	人均营业收入
环境保护产品制造	84.83
环境服务	88.57
环境保护产品制造及环境服务	152.12

3）按从业机构规模

从从业机构规模来看，2017 年，全国生态环保产业重点企业中大、中、小、微型企业的人均营业收入差别较大，呈现出企业规模越大，人均营业收入越高的明显特征。大型企业人均营业收入分别达到中型企业的 2.45 倍、小型企业的 6.85 倍、微型企业的 21.90 倍（表 4-34）。

表 4-34 2017 年全国生态环保产业重点企业中不同规模企业的人均营业收入 单位：万元

企业规模	人均营业收入
大型企业	162.78
中型企业	66.42
小型企业	23.75
微型企业	7.43
总计	101.78

4）按是否为高新技术企业

2017 年，全国生态环保产业重点企业中高新技术企业的人均营业收入远高于非高新技术企业，达到非高新技术企业人均营业收入的 1.59 倍（表 4-35）。

表 4-35 2017 年全国生态环保产业重点企业中高新技术企业的人均营业收入 单位：万元

企业类型	人均营业收入
高新技术企业	120.58
非高新技术企业	75.99
总计	101.78

5）按是否上市

2017 年，全国生态环保产业重点企业中人均营业收入最高的是 A 股上市环保企业，且远高于其他三类企业，其次为非上市挂牌企业、新三板挂牌企业及海外上市企业（表 4-36）。

表 4-36　2017 年全国生态环保产业重点企业中上市企业、新三板挂牌企业的人均营业收入

单位：万元

企业类型	人均营业收入
A 股上市	147.26
海外上市	66.40
新三板挂牌	79.15
非上市及新三板挂牌	95.17
总计	101.78

6）按企业登记类型

从从业机构的登记注册类型来看，2017 年，全国生态环保产业重点企业中人均营业收入最高的是港澳台商投资企业，其次是内资企业，外商投资企业的人均营业收入不及港澳台商投资企业人均营业收入的一半（表 4-37）。

表 4-37　2017 年全国生态环保产业重点企业中不同经营范围企业的人均营业收入　单位：万元

企业登记类型	人均营业收入
内资企业	101.73
港澳台商投资企业	124.10
外商投资企业	61.42
总计	101.78

（2）研发人员学历

2017 年，列入全国生态环保产业重点企业基本情况调查的 292 533 个从业人员中，有研发人员 60 522 人，占 20.69%。其中，具有博士、硕士及本科学历的人员数分别为 1 611 人、11 539 人、40 745 人，分别占研发人员数的 2.66%、19.07%、67.32%。

1）按地域

2017 年年末，全国生态环保产业重点企业中研发人员数量占比最高的 5 个省份为天津、新疆、河南、福建、湖北，分别为 36.97%、33.93%、28.29%、26.50%、25.91%；研发人员数占比最低的 5 个省份为内蒙古、贵州、重庆、河北、黑龙江，分别为 7.36%、7.59%、13.90%、15.24%、15.59%。其中，具有博士学历的研发人员占比最高的 5 个省份为天津、吉林、上海、江西、湖南，分别为 15.46%、5.95%、4.62%、4.42%、3.68%；具有硕士学历的人员数占比最高的 5 个省份为河北、天津、黑龙江、陕西、湖北，分别为 43.73%、39.93%、34.29%、29.06%、27.08%（表 4-38）。从区域分布来看，2017 年生态环保产业重点企业中东部、中部地区研发人员占比较高，而西部地区则研发人员数占比相对较低。从研发人员的学历水平来看，东部、中部地区研发人员中具有研究生以

上学历（含博士、硕士）的人员数量占比相对较高，而西部、东北地区研发人员中具有本科学历的人员数占比则相对较高（表 4-39）。

表 4-38 2017 年全国生态环保产业重点企业不同学历的研发人员数及地区分布 单位：人

地区	研发人员数	具有博士学历的研发人员数	具有硕士学历的研发人员数	具有本科学历的研发人员数
全国	60 522	1 611	11 539	40 745
北京	2 626	75	698	1 551
天津	1 520	235	607	624
河北	295	7	129	150
山西	1 058	22	167	747
内蒙古	163	1	23	92
辽宁	555	5	42	408
吉林	420	25	90	284
黑龙江	70	2	24	32
上海	780	36	197	452
江苏	4 612	157	1 168	2 735
浙江	6 525	97	1 070	4 724
安徽	3 930	111	644	2 739
福建	6 032	90	598	4 948
江西	814	36	169	543
山东	475	10	77	343
河南	3 307	69	502	2 353
湖北	4 224	114	1 144	2 642
湖南	3 699	136	838	2 395
广东	7 898	153	1 518	4 769
广西	2 972	47	318	2 294
重庆	118	1	7	93
四川	1 444	52	321	941
贵州	1 185	21	129	969
云南	4 417	92	856	2 845
陕西	406	4	118	263
宁夏	297	3	11	263
新疆	680	10	74	546

表 4-39　2017 年全国生态环保产业重点企业不同学历的研发人员数及区域分布　单位：人

地区	研发人员数	具有博士学历的研发人员数	具有硕士学历的研发人员数	具有本科学历的研发人员数
全国	60 522	1 611	11 539	40 745
东部	30 763	860	6 062	20 296
中部	17 032	488	3 464	11 419
西部	11 682	231	1 857	8 306
东北	1 045	32	156	724

注：东部地区缺少海南的数据；西部地区缺少西藏、甘肃、青海的数据。

2）按从业机构经营单位

从从业机构的经营范围来看，2017 年，全国生态环保产业重点企业中就职于环境保护产品制造企业的研发人员数占比为 22.05%，高于环境服务企业 3.47 个百分点，其中，就职于环境保护产品制造企业的具有博士学历的研发人员数占比高于环境服务企业，而具有硕士学历的研发人员数占比则低于环境服务企业（表 4-40）。

表 4-40　2017 年全国生态环保产业重点企业不同学历的研发人员数及在不同经营范围企业的分布

单位：人

经营范围	研发人员数	具有博士学历的研发人员数	具有硕士学历的研发人员数	具有本科学历的研发人员数
环境保护产品制造	13 811	461	1 947	9 460
环境服务	30 742	707	6 528	20 160
环境保护产品制造及环境服务	15 969	443	3 064	11 125

3）按从业机构规模

从从业机构的规模来看，2017 年，全国生态环保产业重点企业大、中、小、微型企业中研发人员分别为 23 207 人、25 695 人、8 469 人、3 151 人，占各规模企业从业人员数的比重分别为 17.99%、21.62%、25.22%、28.41%，呈现出企业规模越大，研发人员占比却越小的趋势。80%以上的研发人员就职于大、中型企业，其中包括了 77%以上具有博士学历的研发人员、85%以上具有硕士学历的研发人员以及 80%以上具有本科学历的研发人员（表 4-41）。

表 4-41 2017 年全国生态环保产业重点企业不同学历的研发人员数及在不同规模企业的分布

单位：人

企业规模	研发人员数	具有博士学历的研发人员数	具有硕士学历的研发人员数	具有本科学历的研发人员数
大型企业	23 207	656	5 330	15 361
中型企业	25 695	585	4 537	17 302
小型企业	8 469	254	1 247	5 866
微型企业	3 151	116	425	2 216
总计	60 522	1 611	11 539	40 745

4）按是否为高新技术企业

2017 年，全国生态环保产业重点企业中高新技术企业研发人员数及占比均高于非高新技术企业，具有博士及硕士学历的研发人员数占比也高于非高新技术企业，表明高新技术企业研发人员素质相对较高（表 4-42）。

表 4-42 2017 年全国生态环保产业重点企业不同学历的研发人员数及在高新技术企业的分布

单位：人

企业类型	研发人员数	具有博士学历的研发人员数	具有硕士学历的研发人员数	具有本科学历的研发人员数
高新技术企业	37 118	1 024	7 794	23 610
非高新技术企业	23 404	587	3 745	17 135
总计	60 522	1 611	11 539	40 745

5）按是否上市

2017 年，全国生态环保产业重点企业中上市企业、非上市及新三板挂牌企业研发人员数占比均超过 20%，新三板挂牌企业超过 25%，而海外上市企业研发人员数占比最少，仅为 4.59%。非上市及新三板挂牌企业聚集了近 80%的研发人员，其中包括近 87%的具有博士学历的研发人员、近 78%的具有硕士学历的研发人员、近 79%的具有本科学历的研发人员，远超其他三类企业（表 4-43）。

表 4-43 2017 年全国生态环保产业重点企业不同学历的研发人员数及在上市企业、新三板挂牌企业的分布

单位：人

企业类型	研发人员数	具有博士学历的研发人员数	具有硕士学历的研发人员数	具有本科学历的研发人员数
A 股上市	8 629	132	1 746	6 335
海外上市	90	0	4	44
新三板挂牌	3 450	78	791	2 212
非上市及新三板挂牌	48 353	1 401	8 998	32 154
总计	60 522	1 611	11 539	40 745

6）按企业登记类型

从从业机构的登记注册类型来看，2017 年，全国生态环保产业重点企业中内资企业的研发人员数及占比远高于港澳台商投资企业及外商投资企业，而港澳台商投资企业中具有博士学历及硕士学历的研发人员数占比则高于其他两类企业（表 4-44）。

表 4-44　2017 年全国生态环保产业重点企业不同学历的研发人员数及在不同登记注册类型企业的分布

企业登记类型	研发人员数/人	具有博士学历的研发人员		具有硕士学历的研发人员		具有本科学历的研发人员	
		数量/人	占比/%	数量/人	占比/%	数量/人	占比/%
内资企业	59 074	1 566	2.65	11 303	19.13	39 852	67.46
港澳台商投资企业	934	34	3.64	181	19.38	572	61.24
外商投资企业	514	11	2.14	55	10.70	321	62.45
总计	60 522	1 611	2.66	11 539	19.07	40 745	67.32

4.3　全国生态环保产业人才资源变化趋势

2017 年，统计范围内共有 1 582 家企业为 2016 年全国生态环保产业重点企业基本情况调查的重合样本。通过分析上述企业从业人员的变化趋势，可在一定程度上反映我国生态环保产业人才资源的发展变化情况。2017 年，全国生态环保产业重点企业重合样本中从业人员数同比增长了 5.64%，分别比全国就业人员同比增长率、全国城镇就业人员同比增长率、第一产业就业人员同比增长率、第二产业就业人员同比增长率、第三产业就业人员同比增长率高 5.49 个百分点、3.14 个百分点、8.21 个百分点、7.99 个百分点、2.34 个百分点。与国民经济十九大门类 2017 年城镇单位就业人员同比增长率相比，仅低于批发和零售业，住宿和餐饮业，信息传输、软件和信息技术服务业，租赁和商务服务业，居民服务、修理和其他服务业，高于其他 14 个门类（表 4-45）。

表 4-45　2016 年、2017 年全国分行业城镇单位就业人员数

国民经济门类	城镇单位就业人员数/万人		增长率/%
	2016 年	2017 年	
合计	17 888.1	17 643.8	−1.37
农、林、牧、渔业	263.2	255.4	−2.96
采矿业	490.9	455.4	−7.23
制造业	4 893.8	4 635.5	−5.28
电力、热力、燃气及水生产和供应业	387.6	377	−2.73
建筑业	2 724.7	2 643.2	−2.99
批发和零售业	875	842.8	−3.68

国民经济门类	城镇单位就业人员数/万人		增长率/%
	2016 年	2017 年	
交通运输、仓储和邮政业	849.5	843.9	−0.66
住宿和餐饮业	269.7	265.9	−1.41
信息传输、软件和信息技术服务业	364.1	395.4	8.60
金融业	665.2	688.8	3.55
房地产业	431.7	444.8	3.03
租赁和商务服务业	488.4	522.6	7.00
科学研究和技术服务业	419.6	420.4	0.19
水利、环境和公共设施管理业	269.6	268.5	−0.41
居民服务、修理和其他服务业	75.4	78.2	3.71
教育	1 729.2	1 730.4	0.07
卫生和社会工作	867	897.9	3.56
文化、体育和娱乐业	150.8	152.2	0.93
公共管理、社会保障和社会组织	1 672.6	1 725.6	3.17

4.3.1 全国生态环保产业人才资源总量分布变化趋势

（1）从业人员总量及地域分布变化

2017 年，全国生态环保产业重点企业重合样本中从业人员数同比增长了 5.64%。增长率高于全国平均水平的省份有 14 个，其中，增长幅度最大的 5 个省份为重庆、河北、四川、广西、安徽，增长率分别为 69.55%、68.87%、16.75%、14.80%、14.40%；与此同时，上海、黑龙江、陕西、江苏、山西、天津、北京、宁夏、辽宁从业人员数量则较 2016 年出现了不同程度的下降，其中，辽宁下降幅度最大，达到 23.86%（表 4-46）。从各区域 2017 年全国生态环保产业重点企业重合样本中从业人员变化情况来看，西部、中部地区从业人员增长幅度较大，达到或接近 8.50%，其次是东部地区，增长了 4.41%，而东北地区从业人员下降幅度较大，达到 12.95%（表 4-47）。

表 4-46 2016 年、2017 年相同样本企业中从业人员数及地区分布

地区	企业数/个		年末从业人员数/人		每个企业从业人员数/人	
	2016 年	2017 年	2016 年	2017 年	2016 年	2017 年
全国	1 582	1 582	188 562	199 189	119	126
北京	19	19	6 203	5 809	326	306
天津	33	33	3 815	3 703	116	112
河北	3	3	1 089	1 839	363	613
山西	39	39	3 120	3 032	80	78
内蒙古	8	8	304	334	38	42
辽宁	31	31	2 737	2 084	88	67

地区	企业数/个		年末从业人员数/人		每个企业从业人员数/人	
	2016年	2017年	2016年	2017年	2016年	2017年
吉林	17	17	1 038	1 150	61	68
黑龙江	10	10	456	449	46	45
上海	16	16	3 088	3 041	193	190
江苏	84	84	18 554	18 098	221	215
浙江	101	101	16 869	16 915	167	167
安徽	144	144	13 630	15 593	95	108
福建	240	240	19 502	19 946	81	83
江西	34	34	1 615	1 704	48	50
山东	5	5	2 028	2 162	406	432
河南	45	45	4 918	5 028	109	112
湖北	99	99	12 903	13 793	130	139
湖南	50	50	9 856	10 733	197	215
广东	341	341	36 896	41 294	108	121
广西	110	110	5 244	6 020	48	55
重庆	1	1	358	607	358	607
四川	10	10	2 108	2 461	211	246
云南	88	88	16 248	17 293	185	197
贵州	12	12	845	913	70	76
陕西	10	10	2 198	2 153	220	215
宁夏	15	15	1 367	1 252	91	83
新疆	17	17	1 573	1 783	93	105

表4-47　2016年、2017年相同样本企业中从业人员数及区域分布

地区	企业数/个		年末从业人员数/人		每个企业从业人员数/人	
	2016年	2017年	2016年	2017年	2016年	2017年
全国	1 582	1 582	188 562	199 189	119	126
东部	842	842	108 044	112 807	128	134
中部	411	411	46 042	49 883	112	121
西部	271	271	30 245	32 816	112	121
东北	58	58	4 231	3 683	73	64

注：东部地区缺少海南的数据；西部地区缺少西藏、甘肃、青海的数据。

（2）从业人员数及从业机构分布

1）按从业机构经营范围

2017年，全国生态环保产业重点企业重合样本中环境服务企业从业人员数增长最多，增幅也最大，达9.81%，分别比环境保护产品制造企业以及二者兼营的企业的从业人员数增幅多8.16个百分点、9.33个百分点（表4-48）。

表 4-48 2016 年、2017 年相同样本企业中从业人员数及在不同经营范围企业的分布

企业类型	年份	企业数/个	年末从业人员数/人	每个企业从业人员数/人
环境保护设备与产品制造企业	2016	333	36 039	108
	2017	333	36 632	110
环境服务企业	2016	926	99 695	108
	2017	926	109 475	118
环境保护设备与产品制造及环境服务企业	2016	323	52 828	164
	2017	323	53 082	164
总计	2016	1 582	188 562	119
	2017	1 582	199 189	126

2）按从业机构规模

2017 年，全国生态环保产业重点企业重合样本中大、中、小、微型企业从业人员分别增长了 3 129 人、5 482 人、1 689 人、327 人，大、中型企业在 2017 年吸纳了更多的就业人员；中、小型企业从业人员数增幅较大，均超过 7%，微型企业从业人员增幅超过 4%，而大企业从业人员数增幅不及 4%（表 4-49）。

表 4-49 2016 年、2017 年相同样本企业中从业人员数及在不同规模企业的分布

企业类型	年份	企业数/个	年末从业人员数/人	每个企业从业人员数/人
大型企业	2016	72	82 961	1 152
	2017	72	86 090	1 196
中型企业	2016	571	74 829	131
	2017	571	80 311	141
小型企业	2016	587	23 416	40
	2017	587	25 105	43
微型企业	2016	352	7 356	21
	2017	352	7 683	22
总计	2016	1 582	188 562	119
	2017	1 582	199 189	126

3）按是否为高新技术企业

2017 年，全国生态环保产业重点企业重合样本中高新技术企业从业人员增加了 6 551 人，高于非高新技术企业，增幅为 5.71%，稍高于非高新技术企业（表 4-50）。

表 4-50　2016 年、2017 年相同样本企业中从业人员数及在高新技术企业的分布

企业类型	年份	企业数/个	年末从业人员数/人	每个企业从业人员数/人
高新技术企业	2016	562	114 710	204
	2017	562	121 261	216
非高新技术企业	2016	1 020	73 852	72
	2017	1 020	77 928	76
总计	2016	1 582	188 562	119
	2017	1 582	199 189	126

4）按是否上市

2017 年，全国生态环保产业重点企业重合样本中 A 股上市环保企业、海外上市环保企业、新三板挂牌环保企业、非上市及新三板挂牌环保企业从业人员分别增长了 3 195 人、1 249 人、1 309 人、4 874 人，非上市及新三板挂牌环保企业、A 股上市环保企业在 2017 年吸纳了更多的就业人员；海外上市环保企业从业人员数增幅最大，达 175.67%，A 股上市环保企业、新三板挂牌环保企业从业人员增幅均超过 11%，而非上市及新三板挂牌环保企业从业人员数增幅最低，不及 4%（表 4-51）。

表 4-51　2016 年、2017 年相同样本企业中从业人员数及在上市企业、新三板挂牌企业的分布

企业类型	年份	企业数/个	年末从业人员数/人	每个企业从业人员数/人
A 股上市	2016	15	28 469	1 898
	2017	15	31 664	2 111
海外上市	2016	2	711	356
	2017	2	1 960	980
新三板挂牌	2016	71	9 838	139
	2017	71	11 147	157
非上市及新三板挂牌	2016	1 494	149 544	100
	2017	1 494	154 418	103
总计	2016	1 582	188 562	119
	2017	1 582	199 189	126

5）按企业登记类型

2017 年，全国生态环保产业重点企业重合样本中内资企业、外商投资企业从业人员分别增长了 9 616 人、1 145 人，而港澳台商投资企业从业人员则减少了 134 人；纵向对比来看，外商投资企业从业人员数增幅最大，达 41.11%，内资企业从业人员数增幅超过 5%，港澳台商投资企业从业人员数则下滑了 3.06%（表 4-52）。

表 4-52 2016 年、2017 年相同样本企业中从业人员数及在不同登记注册类型企业的分布

企业类型	年份	企业数/个	年末从业人员数/人	每个企业从业人员数/人
内资企业	2016	1 533	181 402	118
	2017	1 533	191 018	125
港澳台商投资企业	2016	27	4 375	162
	2017	27	4 241	157
外商投资企业	2016	22	2 785	127
	2017	22	3 930	179
总计	2016	1 582	188 562	119
	2017	1 582	199 189	126

（3）从业人员数及从业领域分布

2017 年，全国生态环保产业重点企业重合样本中水污染防治、大气污染防治、固体废物处理处置、环境监测 4 个领域的从业人员分别增长了 102 人、1 448 人、2 128 人、1 349 人，而土壤修复、生态保护 2 个领域的从业人员则分别下降了 538 人、12 人；纵向对比来看，固体废物处理处置领域从业人员数增幅最大，达 15.95%，其次为环境监测领域从业人员数，增长了 10.42%，土壤修复领域从业人员数则下降了 16.46%（表 4-53）。

表 4-53 2016 年、2017 年相同样本企业中从业人员领域分布

领域	从业人员数/人		增长率/%
	2016 年	2017 年	
水污染防治	32 197	32 299	0.32
大气污染防治	27 837	29 285	5.20
固体废物处理处置	13 342	15 470	15.95
土壤修复	3 269	2 731	−16.46
环境监测	12 952	14 301	10.42
生态保护	2 960	2 948	−0.41

4.3.2 全国生态环保产业重点企业人才资源结构变化趋势

（1）性别构成变化

1）按地域

2017 年，全国生态环保产业重点企业重合样本中女性从业人员增加 2 899 人，同比增长了 5.70%，与重合样本中从业人员数增幅基本持平。增长率高于全国平均水平的省份有 11 个，其中，增长幅度最大的 5 个省份为河北、重庆、山东、新疆、广西，增长率分别为 324.06%、115.74%、24.75%、18.79%、18.41%；与此同时，辽宁、黑龙江、云南、四川、宁夏、江苏、山西、上海、陕西、内蒙古、浙江、北京女性从业人员数量

则较 2016 年出现了不同程度的下降，其中，辽宁省下降幅度最大，达到 32.11%（表 4-54）。从各区域 2017 年全国生态环保产业重点企业重合样本中女性从业人员数变化情况来看，除东北地区女性从业人员数下降 24.07%外，东部、中部、西部地区女性从业人员数均有所增长，其中中部地区女性从业人员数增幅最大，达 6.49%，西部地区增幅最小，仅为 0.54%；从女性从业人员数占从业人员比重来看，全国及东部、中部地区女性从业人员的比例均有小幅上涨，而西部、东北地区女性从业人员比例则出现了下降（表 4-55）。

表 4-54　2016 年、2017 年相同样本企业中女性从业人员数及地区分布

地区	企业数/个		年末从业人员数/人		每个企业从业人员数/人		女性从业人员数/人	
	2016 年	2017 年	2016 年	2017 年	2016 年	2017 年	2016 年	2017 年
全国	1 582	1 582	188 562	199 189	119	126	50 895	53 794
北京	19	19	6 203	5 809	326	306	1 151	1 126
天津	33	33	3 815	3 703	116	112	1 337	1 421
河北	3	3	1 089	1 839	363	613	187	793
山西	39	39	3 120	3 032	80	78	839	806
内蒙古	8	8	304	334	38	42	82	79
辽宁	31	31	2 737	2 084	88	67	875	594
吉林	17	17	1 038	1 150	61	68	311	313
黑龙江	10	10	456	449	46	45	156	112
上海	16	16	3 088	3 041	193	190	902	868
江苏	84	84	18 554	18 098	221	215	4 948	4 741
浙江	101	101	16 869	16 915	167	167	4 051	3 928
安徽	144	144	13 630	15 593	95	108	3 825	4 404
福建	240	240	19 502	19 946	81	83	5 057	5 182
江西	34	34	1 615	1 704	48	50	371	378
山东	5	5	2 028	2 162	406	432	202	252
河南	45	45	4 918	5 028	109	112	1 287	1 315
湖北	99	99	12 903	13 793	130	139	3 359	3 590
湖南	50	50	9 856	10 733	197	215	2 838	3 313
广东	341	341	36 896	41 294	108	121	11 299	12 715
广西	110	110	5 244	6 020	48	55	1 722	2 039
重庆	1	1	358	607	358	607	108	233
四川	10	10	2 108	2 461	211	246	410	382
云南	88	88	16 248	17 293	185	197	3 748	3 304
贵州	12	12	845	913	70	76	261	290
陕西	10	10	2 198	2 153	220	215	600	578
宁夏	15	15	1 367	1 252	91	83	474	450
新疆	17	17	1 573	1 783	93	105	495	588

表 4-55 2016 年、2017 年相同样本企业中女性从业人员数及区域分布

地区	企业数/个		年末从业人员数/人		每个企业从业人员数/人		女性从业人员数/人	
	2016 年	2017 年	2016 年	2017 年	2016 年	2017 年	2016 年	2017 年
全国	1 582	1 582	188 562	199 189	119	126	50 895	53 794
东部	842	842	108 044	112 807	128	134	29 134	31 026
中部	411	411	46 042	49 883	112	121	12 519	13 806
西部	271	271	30 245	32 816	112	121	7 900	7 943
东北	58	58	4 231	3 683	73	64	1 342	1 019

注：东部地区缺少海南的数据；西部地区缺少西藏、甘肃、青海的数据。

2）按从业机构经营范围

2017 年，全国生态环保产业重点企业重合样本中环境服务企业女性从业人员增长最多，增幅也最大，达 7.38%，分别比环境保护产品制造企业以及二者兼营企业的女性从业人员数增幅多 3.55 个百分点、4.20 个百分点（表 4-56）。

表 4-56 2016 年、2017 年相同样本企业中女性从业人员数及在不同经营范围企业的分布

企业类型	年份	企业数/个	年末从业人员数/人	女性从业人员数/人
环境保护设备与产品制造企业	2016	333	36 039	9 400
	2017	333	36 632	9 760
环境服务企业	2016	926	99 695	29 019
	2017	926	109 475	31 161
环境保护设备与产品制造及环境服务企业	2016	323	52 828	12 476
	2017	323	53 082	12 873
总计	2016	1 582	188 562	50 895
	2017	1 582	199 189	53 794

3）按从业机构规模

2017 年，全国生态环保产业重点企业重合样本中大、中、小、微型企业女性从业人员分别增长了 403 人、1 699 人、585 人、212 人，中型企业在 2017 年吸纳了更多的女性就业人员；纵向对比来看，中、小、微型企业女性从业人员数增幅较大，均超过 8%，大型企业女性从业人员数增幅为 1.86%（表 4-57）。

表 4-57 2016 年、2017 年相同样本企业中女性从业人员数及在不同规模企业的分布

企业类型	年份	企业数/个	年末从业人员数/人	女性从业人员数/人
大型企业	2016	72	82 961	21 677
	2017	72	86 090	22 080
中型企业	2016	571	74 829	20 606
	2017	571	80 311	22 305

企业类型	年份	企业数/个	年末从业人员数/人	女性从业人员数/人
小型企业	2016	587	23 416	6 536
	2017	587	25 105	7 121
微型企业	2016	352	7 356	2 076
	2017	352	7 683	2 288
总计	2016	1 582	188 562	50 895
	2017	1 582	199 189	53 794

4）按是否为高新技术企业

2017 年，全国生态环保产业重点企业重合样本中高新技术企业女性从业人员增加了 2 572 人，高于非高新技术企业，增幅为 8.28%，高于非高新技术企业增幅 6.63 个百分点（表 4-58）。

表 4-58　2016 年、2017 年相同样本企业中女性从业人员数及在高新技术企业的分布

企业类型	年份	企业数/个	年末从业人员数/人	女性从业人员数/人
高新技术企业	2016	562	114 710	31 047
	2017	562	121 261	33 619
非高新技术企业	2016	1 020	73 852	19 848
	2017	1 020	77 928	20 175
总计	2016	1 582	188 562	50 895
	2017	1 582	199 189	53 794

5）按是否上市

2017 年，全国生态环保产业重点企业重合样本中 A 股上市环保企业、海外上市环保企业、新三板挂牌环保企业、非上市及新三板挂牌环保企业女性从业人员分别增长了 1 213 人、310 人、610 人、766 人，A 股上市环保企业在 2017 年吸纳了更多的女性就业人员；纵向对比来看，海外上市环保企业女性从业人员数增幅最大，达 246.03%，A 股上市环保企业、新三板挂牌环保企业女性从业人员数增幅均超过 15%，而非上市及新三板挂牌环保企业女性从业人员数增幅最低，不及 2%（表 4-59）。

表 4-59　2016 年、2017 年相同样本企业中女性从业人员数及在上市企业、新三板挂牌企业的分布

企业类型	年份	企业数/个	年末从业人员数/人	女性从业人员数/人
A 股上市	2016	15	28 469	7 680
	2017	15	31 664	8 893
海外上市	2016	2	711	126
	2017	2	1 960	436

企业类型	年份	企业数/个	年末从业人员数/人	女性从业人员数/人
新三板挂牌	2016	71	9 838	2 404
	2017	71	11 147	3 014
非上市及新三板挂牌	2016	1 494	149 544	40 685
	2017	1 494	154 418	41 451
总计	2016	1 582	188 562	50 895
	2017	1 582	199 189	53 794

6）按企业登记类型

2017 年，全国生态环保产业重点企业重合样本中内资企业、外商投资企业女性从业人员分别增长了 2 715 人、198 人，而港澳台商投资企业从业人员则减少了 14 人；纵向对比来看，外商投资企业女性从业人员数增幅最大，达 24.57%，内资企业女性从业人员数增幅超过 5%，港澳台商投资企业女性从业人员数则下滑了 1.16%（表 4-60）。

表 4-60　2016 年、2017 年相同样本企业中女性从业人员数及在不同登记注册类型企业的分布

企业类型	年份	企业数/个	年末从业人员数/人	女性从业人员数/人
内资企业	2016	1 533	181 402	48 879
	2017	1 533	191 018	51 594
港澳台商投资企业	2016	27	4 375	1 210
	2017	27	4 241	1 196
外商投资企业	2016	22	2 785	806
	2017	22	3 930	1 004
总计	2016	1 582	188 562	50 895
	2017	1 582	199 189	53 794

（2）岗位构成变化

1）按地域

2017 年，全国生态环保产业重点企业重合样本中研发人员减少 1 469 人，同比减少了 3.39%。研发人员数保持增长的省（区、市）有 11 个，其中，增长幅度最大的 5 个省（区、市）为北京、湖南、新疆、山东、广西，增长率分别为 130.12%、38.34%、32.28%、15.67%、14.90%；与此同时，黑龙江、云南、陕西、河北、宁夏、内蒙古、重庆、河南、天津、辽宁、福建、吉林、山西、江苏、浙江研发人员数量则较 2016 年出现了不同程度的下降，其中，黑龙江、云南下降幅度最大，超过 45%；2017 年，全国生态环保产业重点企业重合样本中管理人员增加 1 482 人，同比增加了 5.15%。管理人员数保持增长的省（区、市）有 17 个，其中，增长幅度最大的 5 个省（区、市）为河北、湖南、北京、内蒙古、广东，增长率分别为 40.70%、29.71%、29.45%、17.24%、12.08%；与此同时，辽宁、黑龙江、江西、陕西、山西、江苏、天津、贵州、四川、宁夏管理人员数量则较 2016 年出现了不同程度的下降，其中，辽宁下降幅度最大，接近 45%；2017 年，全国生态环保产业重点企业重合样本中技术人员增加 1 663 人，同比增加了 2.55%。技术人员数保持增长的省（区、市）有 16 个，其中，增长幅度最大的 5 个省（区、市）为四川、吉林、广西、云南、上海，增长率分别为 19.09%、17.73%、16.06%、14.14%、12.90%；与此同时，河北、贵州、新疆、山西、黑龙江、宁夏、安徽、江西、江苏、辽宁、天津、陕西技术人员数量则较 2016 年出现了不同程度的下降，其中，河北下降幅度最大，接近 81%；2017 年，全国生态环保产业重点企业重合样本中工人减少 3 299 人，同比减少了 4.55%。工人数保持增长的省（区、市）有 14 个，其中，增长幅度最大的 5 个省（区、市）为重庆、新疆、山西、贵州、广西，增长率分别为 113.62%、104.51%、32.18%、26.34%、21.57%；与此同时，辽宁、广东、河北、湖南、宁夏、浙江、黑龙江、河南、福建、天津、湖北、山东工人数量则较 2016 年出现了不同程度的下降，其中，辽宁下降幅度最大，超过 30%（表 4-61）。从各区域 2017 年全国生态环保产业重点企业重合样本中不同岗位的从业人员数变化情况来看，东北地区从业人员流失严重，研发人员、管理人员、工人的数量均出现了大幅下降，降幅分别达 13.09%、29.83%、22.04%；西部地区研发人员数的降幅也高达 30.46%，而该地区则是 4 个地区中唯一保持工人数量增长的区域，这种现象与我国近年来产业结构调整、部门产业向内陆转移关系密切（表 4-62）。

2）按从业机构经营范围

2017 年，全国生态环保产业重点企业重合样本中环境保护产品制造企业、环境服务企业研发人员数都出现了下降，降幅分别为 3.88%、13.31%，二者兼营的企业的研发人员数保持增长，增幅达 14.75%；2017 年，全国生态环保产业重点企业重合样本中环境保护产品制造企业管理人员数出现了下降，降幅为 3.13%，环境服务企业、二者兼营的企业的管理人员数保持增长，增幅分别为 5.63%、10.31%；2017 年，全国生态环保产业重点企业重合样本中环境保护产品制造企业、环境服务企业技术人员数保持增长，增幅分别为 0.04%、4.49%，二者兼营的企业的技术人员则减少了 2.25%；2017 年，全国生态环保产业重点企业重合样本中环境保护产品制造企业、环境服务企业、二者兼营的企业的工人数都出现了下降，降幅分别为 3.19%、2.21%、9.25%（表 4-63）。

表 4-61　2016 年、2017 年相同样本企业中不同岗位的从业人员数及地区分布

地区	企业数/个		年末从业人员数/人		每个企业从业人员数/人		研发人员数/人		管理人员数/人		技术人员数/人		工人数/人	
	2016 年	2017 年	2016 年	2017 年	2016 年	2017 年	2016 年	2017 年	2016 年	2017 年	2016 年	2017 年	2016 年	2017 年
全国	1 582	1 582	188 562	199 189	119	126	43 397	41 928	28 770	30 252	65 207	66 870	72 526	69 227
北京	19	19	6 203	5 809	326	306	591	1 360	1 012	1 310	1 196	1 298	2 305	2 330
天津	33	33	3 815	3 703	116	112	1 404	1 276	735	706	2 191	2 138	788	750
河北	3	3	1 089	1 839	363	613	414	267	86	121	573	109	273	223
山西	39	39	3 120	3 032	80	78	756	723	584	548	1 627	1 230	665	879
内蒙古	8	8	304	334	38	42	101	85	58	68	93	101	101	112
辽宁	31	31	2 737	2 084	88	67	425	395	558	307	568	550	1 368	941
吉林	17	17	1 038	1 150	61	68	269	252	197	206	406	478	391	406
黑龙江	10	10	456	449	46	45	131	70	110	94	156	139	156	146
上海	16	16	3 088	3 041	193	190	549	593	344	367	535	604	795	795
江苏	84	84	18 554	18 098	221	215	3 784	3 736	2 442	2 326	6 149	5 941	6 575	6 602
浙江	101	101	16 869	16 915	167	167	3 071	3 051	2 015	2 161	4 412	4 480	8 547	7 911
安徽	144	144	13 630	15 593	95	108	2 644	2 973	2 347	2 368	4 675	4 380	5 218	5 959
福建	240	240	19 502	19 946	81	83	5 622	5 264	3 261	3 440	6 616	6 628	7 886	7 474
江西	34	34	1 615	1 704	48	50	493	532	353	312	713	685	434	491
山东	5	5	2 028	2 162	406	432	300	347	742	820	265	288	1 295	1 287
河南	45	45	4 918	5 028	109	112	1 521	1 362	707	792	1 915	2 005	1 774	1 670
湖北	99	99	12 903	13 793	130	139	3 313	3 385	2 026	2 077	5 913	6 263	3 478	3 371
湖南	50	50	9 856	10 733	197	215	1 839	2 544	1 279	1 659	2 613	2 706	4 655	3 841
广东	341	341	36 896	41 294	108	121	6 243	6 825	4 661	5 224	11 984	13 048	16 088	12 856

地区	企业数/个		年末从业人员数/人		每个企业从业人员数/人		研发人员数/人		管理人员数/人		技术人员数/人		工人数/人	
	2016年	2017年	2016年	2017年	2016年	2017年	2016年	2017年	2016年	2017年	2016年	2017年	2016年	2017年
广西	110	110	5 244	6 020	48	55	1 094	1 257	917	935	1 675	1 944	2 156	2 621
重庆	1	1	358	607	358	607	70	60	75	75	70	77	213	455
四川	10	10	2 108	2 461	211	246	478	520	314	307	503	599	863	1 027
云南	88	88	16 248	17 293	185	197	6 680	3 610	3 038	3 132	8 280	9 451	4 355	4 495
贵州	12	12	845	913	70	76	151	151	147	142	238	145	410	518
陕西	10	10	2 198	2 153	220	215	600	384	321	298	770	765	642	696
宁夏	15	15	1 367	1 252	91	83	380	279	210	209	361	323	740	645
新疆	17	17	1 573	1 783	93	105	474	627	231	248	710	495	355	726

表 4-62 2016年、2017年相同样本企业中不同岗位的从业人员数及区域分布

地区	企业数/个		年末从业人员数/人		每个企业从业人员数/人		研发人员数/人		管理人员数/人		技术人员数/人		工人数/人	
	2016年	2017年	2016年	2017年	2016年	2017年	2016年	2017年	2016年	2017年	2016年	2017年	2016年	2017年
全国	1 582	1 582	188 562	199 189	119	126	43 397	41 928	28 770	30 252	65 207	66 870	72 526	69 227
东部	842	842	108 044	112 807	1 981	2 241	21 978	22 719	15 298	16 475	33 921	34 534	44 552	40 228
中部	411	411	46 042	49 883	659	702	10 566	11 519	7 296	7 756	17 456	17 269	16 224	16 211
西部	271	271	30 245	32 816	1 313	1 626	10 028	6 973	5 311	5 414	12 700	13 900	9 835	11 295
东北	58	58	4 231	3 683	195	180	825	717	865	607	1 130	1 167	1 915	1 493

注：东部地区缺少海南的数据；西部地区缺少西藏、甘肃、青海的数据。

表 4-63 2016 年、2017 年相同样本企业中不同岗位的从业人员数及在不同经营范围企业的分布

企业类型	年份	企业数/个	年末从业人员数/人	研发人员数/人	管理人员数/人	技术人员数/人	工人数/人
环境保护设备与产品制造企业	2016	333	36 039	7 337	5 632	9 293	15 168
	2017	333	36 632	7 052	5 456	9 297	14 684
环境服务企业	2016	926	99 695	23 175	15 531	40 314	35 400
	2017	926	109 475	20 090	16 405	42 324	34 616
环境保护设备与产品制造及环境服务企业	2016	323	52 828	12 885	7 607	15 600	21 958
	2017	323	53 082	14 786	8 391	15 249	19 927
总计	2016	1 582	188 562	43 397	28 770	65 207	72 526
	2017	1 582	199 189	41 928	30 252	66 870	69 227

3）按从业机构规模

2017 年，全国生态环保产业重点企业重合样本中除中型企业研发人员数增加了 5.76%外，大、小、微型企业研发人员分别减少了 2 093 人、127 人、257 人，降幅分别为 11.87%、2.10%、11.64%；2017 年，全国生态环保产业重点企业重合样本中除微型企业管理人员减少了 0.57%外，大、中、小型企业管理人员分别增加了 798 人、503 人、189 人，增幅分别为 7.38%、4.07%、4.51%；2017 年，全国生态环保产业重点企业重合样本中大、中型企业技术人员分别增加了 240 人、1 627 人，增幅分别为 0.82%、6.79%，小、微型企业技术人员分别减少了 179 人、25 人，降幅分别为 2.01%、0.86%；2017 年，全国生态环保产业重点企业重合样本中除大型企业工人减少了 6 029 人、同比下降 17.99%外，中、小、微型企业的工人分别增加了 2 495 人、70 人、165 人，增幅分别为 8.82%、0.84%、6.97%（表 4-64）。

表 4-64 2016 年、2017 年相同样本企业中不同岗位的从业人员数及在不同规模企业的分布

企业类型	年份	企业数/个	年末从业人员数/人	研发人员数/人	管理人员数/人	技术人员数/人	工人数/人
大型企业	2016	72	82 961	17 639	10 807	29 439	33 517
	2017	72	86 090	15 546	11 605	29 679	27 488
中型企业	2016	571	74 829	17 504	12 368	23 946	28 278
	2017	571	80 311	18 512	12 871	25 573	30 773
小型企业	2016	587	23 416	6 047	4 188	8 916	8 365
	2017	587	25 105	5 920	4 377	8 737	8 435
微型企业	2016	352	7 356	2 207	1 407	2 906	2 366
	2017	352	7 683	1 950	1 399	2 881	2 531
总计	2016	1 582	188 562	43 397	28 770	65 207	72 526
	2017	1 582	199 189	41 928	30 252	66 870	69 227

4）按是否为高新技术企业

2017 年，全国生态环保产业重点企业重合样本中高新技术企业研发人员增加了 1 215 人，增幅为 4.60%，非高新技术企业研发人员则减少了 2 684 人，降幅为 15.81%；2017 年，全国生态环保产业重点企业重合样本中高新技术企业、非高新技术企业管理人员分别增加了 1 032 人、450 人，增幅分别为 6.11%、3.79%；2017 年，全国生态环保产业重点企业重合样本中高新技术企业、非高新技术企业技术人员分别增加了 642 人、1 021 人，增幅分别为 1.60%、4.07%；2017 年，全国生态环保产业重点企业重合样本中高新技术企业工人减少了 3 557 人，降幅为 8.55%，非高新技术企业工人则增加了 258 人，增幅为 0.83%（表 4-65）。

表 4-65　2016 年、2017 年相同样本企业中不同岗位的从业人员数及在高新技术企业的分布

企业类型	年份	企业数/个	年末从业人员数/人	研发人员数/人	管理人员数/人	技术人员数/人	工人数/人
高新技术企业	2016	562	114 710	26 422	16 899	40 146	41 601
	2017	562	121 261	27 637	17 931	40 788	38 044
非高新技术企业	2016	1 020	73 852	16 975	11 871	25 061	30 925
	2017	1 020	77 928	14 291	12 321	26 082	31 183
总计	2016	1 582	188 562	43 397	28 770	65 207	72 526
	2017	1 582	199 189	41 928	30 252	66 870	69 227

5）按是否上市

2017 年，全国生态环保产业重点企业重合样本中 A 股上市环保企业、新三板挂牌环保企业研发人员分别增加了 807 人、314 人，增幅均超过 10%，而海外上市环保企业、非上市及新三板挂牌环保企业研发人员则分别减少了 44 人、2 546 人，降幅分别为 32.84%、7.11%；2017 年，全国生态环保产业重点企业重合样本中 A 股上市环保企业、海外上市环保企业、新三板挂牌环保企业、非上市及新三板挂牌环保企业管理人员分别增加了 582 人、158 人、432 人、310 人，增幅分别为 18.96%、202.56%、26.37%、1.29%；2017 年，全国生态环保产业重点企业重合样本中 A 股上市环保企业、海外上市环保企业、非上市及新三板挂牌环保企业技术人员分别增加了 173 人、231 人、1 324 人，增幅分别为 2.32%、172.39%、2.45%，而新三板挂牌环保企业技术人员则减少了 65 人，降幅为 1.81%；2017 年，全国生态环保产业重点企业重合样本中 A 股上市环保企业、非上市及新三板挂牌环保企业工人分别减少了 3 986 人、251 人，降幅分别为 29.31%、0.45%，而海外上市环保企业、新三板挂牌环保企业工人则分别增加了 827 人、111 人，增幅分别为 178.62%、3.76%（表 4-66）。

表 4-66 2016 年、2017 年相同样本企业中不同岗位从业人员数及在上市企业、新三板挂牌企业的分布

企业类型	年份	企业数/个	年末从业人员数/人	研发人员数/人	管理人员数/人	技术人员数/人	工人数/人
A 股上市	2016	15	28 469	4 848	3 070	7 448	13 600
	2017	15	31 664	5 655	3 652	7 621	9 614
海外上市	2016	2	711	134	78	134	463
	2017	2	1 960	90	236	365	1 290
新三板挂牌	2016	71	9 838	2 600	1 638	3 583	2 951
	2017	71	11 147	2 914	2 070	3 518	3 062
非上市及新三板挂牌	2016	1 494	149 544	35 815	23 984	54 042	55 512
	2017	1 494	154 418	33 269	24 294	55 366	55 261
总计	2016	1 582	188 562	43 397	28 770	65 207	72 526
	2017	1 582	199 189	41 928	30 252	66 870	69 227

6）按企业登记类型

2017 年，全国生态环保产业重点企业重合样本中内资企业、港澳台商投资企业、外商投资企业研发人员分别减少了 1 206 人、193 人、70 人，降幅为 2.88%、23.34%、9.47%；2017 年，全国生态环保产业重点企业重合样本中除港澳台商投资企业管理人员数下降了 16.04%外，内资企业、外商投资企业管理人员分别增加了 1 565 人、6 人，增幅为 5.66%、1.09%；2017 年，全国生态环保产业重点企业重合样本中除内资企业技术人员增加了 1 757 人、增幅为 2.77%外，港澳台商投资企业、外商投资企业研发人员分别减少了 90 人、4 人，降幅分别为 9.96%、0.41%；2017 年，全国生态环保产业重点企业重合样本中除内资企业工人减少了 4 386 人、降幅为 6.24%外，港澳台商投资企业、外商投资企业工人分别增加了 125 人、962 人，增幅为 9.75%、97.66%（表 4-67）。

表 4-67 2016 年、2017 年相同样本企业中不同岗位的从业人员数及在不同登记注册类型企业的分布

企业类型	年份	企业数/个	年末从业人员数/人	研发人员数/人	管理人员数/人	技术人员数/人	工人数/人
内资企业	2016	1 533	181 402	41 831	27 664	63 320	70 259
	2017	1 533	191 018	40 625	29 229	65 077	65 873
港澳台商投资企业	2016	27	4 375	827	555	904	1 282
	2017	27	4 241	634	466	814	1 407
外商投资企业	2016	22	2 785	739	551	983	985
	2017	22	3 930	669	557	979	1 947
总计	2016	1 582	188 562	43 397	28 770	65 207	72 526
	2017	1 582	199 189	41 928	30 252	66 870	69 227

（3）职称结构变化

1）按地域

2017 年，全国生态环保产业重点企业重合样本中具有专业技术职称的人员减少 2 212 人，同比减少 3.52%；其中，具有高级、初级职称的人员分别减少 89 人、2 514 人，同比分别减少了 0.77%、9.14%，具有中级职称的人员增加了 391 人，同比增长 1.63%。具有专业技术职称的人员数保持增长的省份有 15 个，其中，增长幅度最大的 5 个省份为河北、重庆、内蒙古、新疆、四川，增长率分别为 53.85%、35.71%、26.39%、22.55%、18.01%；与此同时，黑龙江、广东、宁夏、北京、辽宁、江苏、陕西、福建、湖南、贵州、安徽、天津具有专业技术职称的人员数量则较 2016 年出现了不同程度的下降，其中，黑龙江下降幅度最大，超过 20%；2017 年，全国生态环保产业重点企业重合样本中具有高级技术职称的人员减少 89 人，同比减少了 0.77%。具有高级技术职称的人员数保持增长的省份有 15 个，其中，增长幅度最大的 5 个省份为河北、内蒙古、四川、宁夏、江西，增长率分别为 43.75%、25.00%、21.95%、16.67%、15.38%；与此同时，北京、天津、湖南、上海、贵州、安徽、江苏、黑龙江、广东、山西、陕西具有高级技术职称的人员数量则较 2016 年出现了不同程度的下降，其中，北京下降幅度最大，超过 23%（表 4-68）。从各区域 2017 年全国生态环保产业重点企业重合样本中具有专业技术职称的从业人员变化情况来看，东部地区具有高、中、初级专业技术职称的从业人员数量均有所下降，而西部地区上述三类从业数量则均有所上升（表 4-69）。

表 4-68 2016 年、2017 年相同样本企业中具有专业技术职称的从业人员数及地区分布

地区	企业数/个		年末从业人员数/人		具有高级技术职称人员数/人		具有中级技术职称人员数/人		具有初级技术职称人员数/人	
	2016 年	2017 年	2016 年	2017 年	2016 年	2017 年	2016 年	2017 年	2016 年	2017 年
全国	1 582	1 582	188 562	199 189	11 486	11 397	23 918	24 309	27 512	24 998
北京	19	19	6 203	5 809	192	147	381	382	321	268
天津	33	33	3 815	3 703	961	752	1 013	1 185	569	582
河北	3	3	1 089	1 839	16	23	22	47	66	90
山西	39	39	3 120	3 032	169	165	466	497	515	574
内蒙古	8	8	304	334	12	15	30	39	30	37
辽宁	31	31	2 737	2 084	94	95	252	246	248	191
吉林	17	17	1 038	1 150	101	104	135	162	186	184
黑龙江	10	10	456	449	33	32	79	67	105	71
上海	16	16	3 088	3 041	75	67	200	230	200	186
江苏	84	84	18 554	18 098	727	691	2 164	2 098	3 521	2 996
浙江	101	101	16 869	16 915	663	680	1 563	1 821	1 958	1 804
安徽	144	144	13 630	15 593	1 020	953	2 000	2 103	2 305	1 984
福建	240	240	19 502	19 946	894	912	2 729	2 622	3 046	2 596

地区	企业数/个		年末从业人员数/人		具有高级技术职称人员数/人		具有中级技术职称人员数/人		具有初级技术职称人员数/人	
	2016 年	2017 年	2016 年	2017 年	2016 年	2017 年	2016 年	2017 年	2016 年	2017 年
江西	34	34	1 615	1 704	78	90	145	173	194	175
山东	5	5	2 028	2 162	45	46	103	101	124	139
河南	45	45	4 918	5 028	254	263	776	778	879	966
湖北	99	99	12 903	13 793	1 878	2 054	2 455	2 528	1 993	2 031
湖南	50	50	9 856	10 733	406	340	978	973	1 009	937
广东	341	341	36 896	41 294	1 199	1 164	3 352	2 962	4 571	3 260
广西	110	110	5 244	6 020	262	291	635	633	565	722
重庆	1	1	358	607	0	3	5	5	9	11
四川	10	10	2 108	2 461	82	100	181	247	159	151
云南	88	88	16 248	17 293	2 085	2 163	3 624	3 730	4 083	4 259
贵州	12	12	845	913	58	53	106	111	178	158
陕西	10	10	2 198	2 153	94	93	259	247	261	215
宁夏	15	15	1 367	1 252	30	35	85	90	185	133
新疆	17	17	1 573	1 783	58	66	180	232	232	278

表 4-69　2016 年、2017 年相同样本企业中具有专业技术职称的从业人员数及区域分布

地区	企业数/个		年末从业人员数/人		具有高级技术职称人员数/人		具有中级技术职称人员数/人		具有初级技术职称人员数/人	
	2016 年	2017 年	2016 年	2017 年	2016 年	2017 年	2016 年	2017 年	2016 年	2017 年
全国	1 582	1 582	188 562	199 189	11 486	11 397	23 918	24 309	27 512	24 998
东部	842	842	108 044	112 807	4 772	4 482	11 527	11 448	14 376	11 921
中部	411	411	46 042	49 883	3 805	3 865	6 820	7 052	6 895	6 667
西部	271	271	30 245	32 816	2 681	2 819	5 105	5 334	5 702	5 964
东北	58	58	4 231	3 683	228	231	466	475	539	446

注：东部地区缺少海南的数据；西部地区缺少西藏、甘肃、青海的数据。

2）按从业机构经营范围

2017 年，全国生态环保产业重点企业重合样本中环境保护产品制造企业、环境服务企业、二者兼营的企业里具有专业技术职称的人员数都出现了下降，降幅分别为 6.67%、2.71%、3.72%；其中，上述 3 类企业中具有高级、初级专业技术职称的人员数都出现了下降，环境保护产品制造企业中具有中级技术职称的人员数也出现了下降。低一级职称人数的下降并未带来高一级职称人数的增长，可以看出，生态环保产业人才存在着外流的现象（表 4-70）。

表 4-70 2016 年、2017 年相同样本企业中具有专业技术职称的从业人员数及在不同经营范围企业的分布

企业类型	年份	企业数/个	年末从业人员数/人	具有高级技术职称人员数/人	具有中级技术职称人员数/人	具有初级技术职称人员数/人
环境保护设备与产品制造企业	2016	333	36 039	1 377	3 383	4 414
	2017	333	36 632	1 300	3 305	3 957
环境服务企业	2016	926	99 695	8 054	15 123	16 416
	2017	926	109 475	8 048	15 420	15 051
环境保护设备与产品制造及环境服务企业	2016	323	52 828	2 055	5 412	6 682
	2017	323	53 082	2 049	5 584	5 990
总计	2016	1 582	188 562	11 486	23 918	27 512
	2017	1 582	199 189	11 397	24 309	24 998

3）按从业机构规模

2017 年，全国生态环保产业重点企业重合样本中除大型企业具有专业技术职称的人员减少了 2 632 人，降幅为 8.50%外，中、小、微型企业具有专业技术职称的人员分别增加了 332 人、85 人、3 人，增幅分别为 1.57%、1.06%、0.11%；其中，大型企业中具有高、中、初级技术职称的人员数均出现了下降，初级技术职称人员数降幅达到 17.40%；小型企业中具有高、中、初级技术职称的人员数均保持不超过 1.5%的小幅上涨；中、小企业中具有高、中级技术职称的人员数保持上涨，而具有初级技术职称的人员数则出现了下降（表 4-71）。

表 4-71 2016 年、2017 年相同样本企业中具有专业技术职称的从业人员数及在不同规模企业的分布

企业类型	年份	企业数/个	年末从业人员数/人	具有高级技术职称人员数/人	具有中级技术职称人员数/人	具有初级技术职称人员数/人
大型企业	2016	72	82 961	5 966	10 897	14 099
	2017	72	86 090	5 802	10 882	11 646
中型企业	2016	571	74 829	3 625	8 690	8 854
	2017	571	80 311	3 690	8 965	8 846
小型企业	2016	587	23 416	1 382	3 276	3 397
	2017	587	25 105	1 385	3 319	3 436
微型企业	2016	352	7 356	513	1 055	1 162
	2017	352	7 683	520	1 143	1 070
总计	2016	1 582	188 562	11 486	23 918	27 512
	2017	1 582	199 189	11 397	24 309	24 998

4）按是否为高新技术企业

2017 年，全国生态环保产业重点企业重合样本中高新技术企业中具有高新技术职称和初级技术职称的人员的下降人数及降幅均高于非高新技术企业，而具有中级技术职称的人员增长人数和增幅均低于非高新技术企业（表 4-72）。

表 4-72　2016 年、2017 年相同样本企业中具有专业技术职称的从业人员数及在高新技术企业的分布

企业类型	年份	企业数/个	年末从业人员数/人	具有高级技术职称人员数/人	具有中级技术职称人员数/人	具有初级技术职称人员数/人
高新技术企业	2016	562	114 710	6 820	13 967	16 328
	2017	562	121 261	6 596	14 069	13 820
非高新技术企业	2016	1 020	73 852	4 666	9 951	11 184
	2017	1 020	77 928	4 801	10 240	11 178
总计	2016	1 582	188 562	11 486	23 918	27 512
	2017	1 582	199 189	11 397	24 309	24 998

5）按是否上市

2017 年，全国生态环保产业重点企业重合样本中 A 股上市环保企业、非上市及新三板挂牌企业中具有专业技术职称的人员分别减少了 1 774 人、687 人，降幅分别为 26.89%、1.28%，海外上市、新三板挂牌环保企业中具有专业技术职称的人员则分别增加了 38 人、211 人，增幅分别为 23.75%、7.87%；其中，A 股上市环保企业中具有高、中、初级技术职称的人员数均出现了下降，降幅分别达到 13.68%、20.05%、33.10%；海外上市环保企业中具有高、中、初级技术职称的人员数量相对较少，增幅明显，分别达到 47.62%、11.27%、29.41%；新三板挂牌环保企业中具有高、中、初级技术职称的人员数分别增加了 11.27%、11.82%、2.98%；非上市及新三板挂牌环保企业中具有高级技术职称的人员数出现小幅下降，具有中级技术职称的人员数增加了 3.5%，而具有初级技术职称的人员数则增加了 5.92%（表 4-73）。

表 4-73　2016 年、2017 年相同样本企业中具有专业技术职称的从业人员数及在上市企业、新三板挂牌企业的分布

企业类型	年份	企业数/个	年末从业人员数/人	具有高级技术职称人员数/人	具有中级技术职称人员数/人	具有初级技术职称人员数/人
A 股上市	2016	15	28 469	563	2 304	3 731
	2017	15	31 664	486	1 842	2 496
海外上市	2016	2	711	21	71	68
	2017	2	1 960	31	79	88

企业类型	年份	企业数/个	年末从业人员数/人	具有高级技术职称人员数/人	具有中级技术职称人员数/人	具有初级技术职称人员数/人
新三板挂牌	2016	71	9 838	417	1 091	1 173
	2017	71	11 147	464	1 220	1 208
非上市及新三板挂牌	2016	1 494	149 544	10 485	20 452	22 540
	2017	1 494	154 418	10 416	21 168	21 206
总计	2016	1 582	188 562	11 486	23 918	27 512
	2017	1 582	199 189	11 397	24 309	24 998

6）按企业登记类型

2017 年，全国生态环保产业重点企业重合样本中内资企业、外商投资企业中具有专业技术职称的人员分别减少了 1 836 人、431 人，降幅分别为 3.01%、37.45%，港澳台商投资企业中具有专业技术职称的人员增加了 55 人，增幅为 6.35%；其中，内资企业中具有高级、初级技术职称的人员数均出现了下降，降幅分别为 0.80%、7.70%，具有中级技术职称的人员数则小幅增加了 1.24%；港澳台商投资企业中具有高、中、初级技术职称的人员数均出现了增长，增幅分别为 4.08%、12.20%、1.50%；外商投资企业中具有高级、初级技术职称的人员数均出现了下降，降幅分别为 2.17%、68.07%，具有中级技术职称的人员数则增加了 19.40%（表 4-74）。

表 4-74　2016 年、2017 年相同样本企业中具有专业技术职称的从业人员数及在不同登记注册类型企业的分布

企业类型	年份	企业数/个	年末从业人员数/人	具有高级技术职称人员数/人	具有中级技术职称人员数/人	具有初级技术职称人员数/人
内资企业	2016	1 533	181 402	11 250	23 250	26 399
	2017	1 533	191 018	11 160	23 538	24 365
港澳台商投资企业	2016	27	4 375	98	369	399
	2017	27	4 241	102	414	405
外商投资企业	2016	22	2 785	138	299	714
	2017	22	3 930	135	357	228
总计	2016	1 582	188 562	11 486	23 918	27 512
	2017	1 582	199 189	11 397	24 309	24 998

4.3.3　全国生态环保产业重点企业人才资源能力变化趋势

（1）劳动效率变化

1）按地域

2017 年，全国生态环保产业重点企业重合样本的人均营业收入为 107.19 万元，同比增长 9.25%；人均营业收入同比增长的省份有 20 个，其中，增长幅度最大的 5 个省份为辽宁、江西、宁夏、天津、河北，增长率分别为95.94%、77.66%、76.00%、38.00%、33.16%；人均营业收入同比下降的省份有7个，分别是山东、贵州、黑龙江、内蒙古、广西、重庆、四川，其中，重庆和四川下降幅度最大，均超过45%（表4-75）。从各区域2017年全国生态环保产业重点企业重合样本的人均营业收入变化情况来看，除西部地区人均营业收入下降了10.69%外，东部、中部及东北地区人均收入均有所增长，其中，东北地区增长幅度最大，达30.12%（表4-76）。

表4-75 2016年、2017年相同样本企业在不同地区的人均营业收入 单位：万元

地区	人均营业收入	
	2016年	2017年
全国	98.11	107.19
北京	136.54	172.19
天津	263.74	363.95
河北	49.49	65.91
山西	70.69	82.46
内蒙古	60.9	50.52
辽宁	45.22	88.6
吉林	37.38	45.5
黑龙江	56.97	47.5
上海	95.18	100.48
江苏	112.57	119.02
浙江	86.94	97.53
安徽	62.79	65.38
福建	81.14	93.22
江西	36.56	64.95
山东	69.24	69.02
河南	62.05	73.32
湖北	177.02	188.82
湖南	80.47	93.75
广东	63.15	73.49
广西	45.98	36.43
重庆	34.25	18.73
四川	169.83	80.88
贵州	60.42	54.07
云南	184.43	186.54
陕西	74.65	84.1
宁夏	39.81	70.07
新疆	56.19	67.43

表 4-76　2016 年、2017 年相同样本企业在不同区域的人均营业收入　单位：万元

地区	人均营业收入	
	2016 年	2017 年
全国	98.11	107.19
东部	106.44	128.31
中部	81.60	94.78
西部	80.72	72.09
东北	46.52	60.53

注：东部地区缺少海南的数据；西部地区缺少西藏、甘肃、青海的数据。

2）按从业机构经营单位

2017 年，全国生态环保产业重点企业重合样本中环境保护产品制造企业人均营业收入下降了 7.27%，环境服务企业、二者兼营的企业人均营业收入则分别增长了 11.19%、15.56%（表 4-77）。

表 4-77　2016 年、2017 年相同样本企业中不同经营范围企业的人均营业收入　单位：万元

企业类型	年份	人均营业收入
环境保护设备与产品制造企业	2016	95.50
	2017	88.56
环境服务企业	2016	104.29
	2017	115.96
环境保护设备与产品制造及环境服务企业	2016	88.23
	2017	101.96
总计	2016	98.11
	2017	107.19

3）按从业机构规模

2017 年，全国生态环保产业重点企业重合样本中大、中、小、微型企业人员营业收入均有所增长，且呈现出企业规模越小，增长幅度越大的规律，大、中、小、微型企业人均营业收入分别增长了 5.21%、15.35%、59.40%、188.39%，也说明越大的企业，人均营业收入越高，越难以实现大幅度增长（表 4-78）。

表 4-78　2016 年、2017 年相同样本企业中不同规模企业的人均营业收入　单位：万元

企业类型	年份	人均营业收入
大型企业	2016	154.20
	2017	162.23
中型企业	2016	68.93
	2017	79.51

企业类型	年份	人均营业收入
小型企业	2016	21.46
	2017	34.21
微型企业	2016	6.29
	2017	18.14
总计	2016	98.11
	2017	107.19

4）按是否为高新技术企业

2017 年，全国生态环保产业重点企业重合样本中高新技术企业人员营业收入增长幅度较大，达 17.63%，非高新技术企业的人均营业收入出现下降，降幅为 4.27%（表 4-79）。

表 4-79　2016 年、2017 年相同样本企业中高新技术企业的人均营业收入　　单位：万元

企业类型	年份	人均营业收入
高新技术企业	2016	99.47
	2017	117.01
非高新技术企业	2016	96.00
	2017	91.91
总计	2016	98.11
	2017	107.19

5）按是否上市

2017 年，全国生态环保产业重点企业重合样本中除海外上市环保企业人均营业收入下降了 70.69%外，A 股上市环保企业、新三板挂牌环保企业及非上市及新三板挂牌环保企业的人均营业收入均有所增长，增幅分别为 23.38%、18.98%、7.05%（表 4-80）。

表 4-80　2016 年、2017 年相同样本企业中上市企业、新三板挂牌企业的人均营业收入

单位：万元

企业类型	年份	人均营业收入
A 股上市	2016	102.95
	2017	127.02
海外上市	2016	226.53
	2017	66.40
新三板挂牌	2016	69.80
	2017	83.06
非上市及新三板挂牌	2016	98.44
	2017	105.38
总计	2016	98.11
	2017	107.19

6）按企业登记类型

2017 年，全国生态环保产业重点企业重合样本中除内资企业人均营业收入增长了 11.22%外，港澳台商投资企业、外商投资企业人均营业收入均有所下降，降幅均超过 20%（表 4-81）。

表 4-81　2016 年、2017 年相同样本企业中不同登记注册类型企业的人均营业收入　单位：万元

企业类型	年份	人均营业收入
内资企业	2016	96.55
	2017	107.39
港澳台商投资企业	2016	167.46
	2017	132.38
外商投资企业	2016	90.53
	2017	70.03
总计	2016	98.11
	2017	107.19

（2）研发人员学历变化

1）按地域

2017 年，全国生态环保产业重点企业重合样本中研发人员减少 1 469 人，同比减少 3.39%；其中，具有博士、硕士学历的人员分别增加了 68 人、331 人，同比分别增加了 6.35%、4.08%，具有本科学历的人员减少了 2 543 人，同比减少 8.37%，研发人员的学历有了一定程度的提高。研发人员数保持增长的省份有 11 个，其中，增长幅度最大的 5 个省份为北京、湖南、新疆、山东、广西，增长率分别为 130.12%、38.34%、32.28%、15.67%、14.90%；与此同时，黑龙江、云南、陕西、河北、宁夏、内蒙古、重庆、河南、天津、辽宁、福建、吉林、陕西、江苏、浙江、贵州研发人员数量则较 2016 年出现了不同程度的下降，其中，黑龙江、云南下降幅度最大，超过 45%；2017 年，全国具有博士学历的研发人员数保持增长的省份有 11 个，其中，增长幅度最大的 5 个省份为湖南、四川、吉林、河北、新疆，增长率分别为 70.18%、60.00%、50.00%、40.00%、28.57%；与此同时，内蒙古、山西、贵州、辽宁、江西、福建、浙江、广东、湖北、天津具有博士学历的研发人员数量则较 2016 年出现了不同程度的下降，其中，内蒙古下降幅度最大，超过 65%（表 4-82）。从各区域 2017 年全国生态环保产业重点企业重合样本中不同学历研发人员数的变化情况来看，东部、中部、西部及东北地区具有博士学历的研发人员数均有所增长，分别为 3.64%、8.01%、14.71%、27.27%，西部、东北地区具有硕士、本科学历的研发人员数则出现了下降，说明上述两个地区研发人员的素质有所提高（表 4-83）。

表 4-82 2016 年、2017 年相同样本企业中不同学历的研发人员数及地区分布 单位：人

地区	研发人员数		具有博士学历的研发人员数		具有硕士学历的研发人员数		具有本科学历的研发人员数	
	2016 年	2017 年	2016 年	2017 年	2016 年	2017 年	2016 年	2017 年
全国	43 397	41 928	1 071	1 139	8 107	8 438	30 394	27 851
北京	591	1 360	23	26	346	154	187	1 041
天津	1 404	1 276	230	229	557	537	546	466
河北	414	267	5	7	79	109	312	142
山西	756	723	33	17	120	114	512	492
内蒙古	101	85	3	1	18	21	68	50
辽宁	425	395	6	5	40	35	354	268
吉林	269	252	14	21	67	64	169	153
黑龙江	131	70	2	2	28	24	86	32
上海	549	593	33	34	123	144	313	369
江苏	3 784	3 736	104	131	868	1 023	2 303	2 193
浙江	3 071	3 051	50	48	442	475	2 298	2 256
安徽	2 644	2 973	68	68	463	475	1 825	2 122
福建	5 622	5 264	86	82	591	544	4 622	4 310
江西	493	532	15	13	106	120	350	361
山东	300	347	5	5	34	54	259	278
河南	1 521	1 362	20	22	236	162	1 092	915
湖北	3 313	3 385	94	93	1 159	1 061	1 934	1 961
湖南	1 839	2 544	57	97	452	718	1 212	1 606
广东	6 243	6 825	124	122	1 157	1 396	3 953	4 089
广西	1 094	1 257	16	18	106	131	722	907
重庆	70	60	0	0	2	2	54	58
四川	478	520	10	16	78	88	332	366
云南	6 680	3 610	57	62	815	783	5 595	2 293
贵州	151	151	5	4	28	21	105	106
陕西	600	384	4	4	150	113	446	246
宁夏	380	279	0	3	5	11	321	257
新疆	474	627	7	9	37	59	424	514

表 4-83 2016 年、2017 年相同样本企业中不同学历的研发人员数及区域分布 单位：人

地区	研发人员数		具有博士学历的研发人员数		具有硕士学历的研发人员数		具有本科学历的研发人员数	
	2016 年	2017 年	2016 年	2017 年	2016 年	2017 年	2016 年	2017 年
全国	43 397	41 928	1 071	1 139	8 107	8 438	30 394	27 851
东部	21 978	22 719	660	684	4 197	4 436	14 793	15 144
中部	10 566	11 519	287	310	2 536	2 650	6 925	7 457
西部	10 028	6 973	102	117	1 239	1 229	8 067	4 797
东北	825	717	22	28	135	123	609	453

注：东部地区缺少海南的数据；西部地区缺少西藏、甘肃、青海的数据。

2）按从业机构经营范围

2017 年，全国生态环保产业重点企业重合样本中环境保护产品制造企业、环境服务企业的研发人员数均出现下降，降幅分别为 3.88%、13.31%，二者兼营的企业里研发人员数则增长了 14.75%；其中，上述 3 类企业中具有博士、硕士学历的研发人员数，二者兼营的企业里具有本科学历的研发人员数都出现了增长，而环境保护产品制造企业、环境服务企业中具有本科学历的研发人员数则出现了下降（表 4-84）。

表 4-84 2016 年、2017 年相同样本企业中不同学历的研发人员数及在不同经营范围企业的分布

企业类型	年份	企业数/个	年末从业人员数/人	研发人员数/人	具有博士学历的研发人员数/人	具有硕士学历的研发人员数/人	具有本科学历的研发人员数/人
环境保护设备与产品制造企业	2016	333	36 039	7 337	182	1 059	4 907
	2017	333	36 632	7 052	187	1 103	4 552
环境服务企业	2016	926	99 695	23 175	460	4 715	16 374
	2017	926	109 475	20 090	484	4 807	12 695
环境保护设备与产品制造及环境服务企业	2016	323	52 828	12 885	429	2 333	9 113
	2017	323	53 082	14 786	468	2 528	10 604
总计	2016	1 582	188 562	43 397	1 071	8 107	30 394
	2017	1 582	199 189	41 928	1 139	8 438	27 851

3）按从业机构规模

2017 年，全国生态环保产业重点企业重合样本中除中型企业研发人员增加了 1 008 人，增幅为 5.76%外，大、小、微型企业的研发人员分别减少了 2 093 人、127 人、257 人，降幅分别为 11.87%、2.10%、11.64%；其中，大型企业中具有博士、硕士、本科学历的研发人员数均出现了下降，本科学历研发人员数降幅达到 19.99%；中型企业中具有博士、硕士、本科的研发人员数均保持上涨，其中，具有博士、硕士学历的研发人员数增幅超过 17%；小型企业中仅具有博士学历的研发人员数出现了增长，增幅为 10.71%；微型企业中仅具有硕士学历的研发人员数出现了增长，增幅为 4.47%（表 4-85）。

表 4-85 2016 年、2017 年相同样本企业中不同学历的研发人员数及在不同规模企业的分布

企业类型	年份	企业数/个	年末从业人员数/人	研发人员数/人	具有博士学历的研发人员数/人	具有硕士学历的研发人员数/人	具有本科学历的研发人员数/人
大型企业	2016	72	82 961	17 639	508	4 020	12 493
	2017	72	86 090	15 546	502	3 835	9 996

企业类型	年份	企业数/个	年末从业人员数/人	研发人员数/人	具有博士学历的研发人员数/人	具有硕士学历的研发人员数/人	具有本科学历的研发人员数/人
中型企业	2016	571	74 829	17 504	351	2 924	11 913
	2017	571	80 311	18 512	414	3 428	12 289
小型企业	2016	587	23 416	6 047	140	872	4 470
	2017	587	25 105	5 920	155	871	4 256
微型企业	2016	352	7 356	2 207	72	291	1 518
	2017	352	7 683	1 950	68	304	1 310
总计	2016	1 582	188 562	43 397	1 071	8 107	30 394
	2017	1 582	199 189	41 928	1 139	8 438	27 851

4）按是否为高新技术企业

2017 年，全国生态环保产业重点企业重合样本中高新技术企业的研发人员增加了 1 215 人，增幅为 4.60%，其中，具有博士、硕士、本科学历的研发人员数均出现增加，增幅分别为 3.17%、1.76%、2.89%；非高新技术企业的研发人员减少了 2 684 人，降幅达 15.81%，其中，具有博士、硕士学历的研发人员数增幅明显，分别达到 14.01%、9.51%，而具有本科学历的研发人员数则出现了高达 23.51%的下降（表 4-86）。

表 4-86　2016 年、2017 年相同样本企业中不同学历的研发人员数及在高新技术企业的分布

企业类型	年份	企业数/个	年末从业人员数/人	研发人员数/人	具有博士学历的研发人员数/人	具有硕士学历的研发人员数/人	具有本科学历的研发人员数/人
高新技术企业	2016	562	114 710	26 422	757	5 677	17 436
	2017	562	121 261	27 637	781	5 777	17 940
非高新技术企业	2016	1 020	73 852	16 975	314	2 430	12 958
	2017	1 020	77 928	14 291	358	2 661	9 911
总计	2016	1 582	188 562	43 397	1 071	8 107	30 394
	2017	1 582	199 189	41 928	1 139	8 438	27 851

5）按是否上市

2017 年，全国生态环保产业重点企业重合样本中 A 股上市环保企业、新三板挂牌企业中的研发人员分别增加了 807 人、314 人，增幅分别为 16.65%、12.08%，海外上市、非上市及新三板挂牌环保企业中的研发人员则分别减少了 44 人、2 546 人，降幅分别为 32.84%、7.11%；其中，A 股上市环保企业中具有博士、硕士学历的人员数均出现了下降，降幅分别达到 19.51%、12.31%，具有本科学历的研发人员数则增加了 24.21%；海外上市环保企业中具有博士、硕士、本科学历的研发人员数量相对较少，降幅明显，分别达到 100.00%、20.00%、53.19%；新三板挂牌环保企业中具有博士、硕士、本科学历的研发人员数分别增加了 43.75%、37.06%、3.98%；非上市及新三板挂牌环保企业中具有博士、硕士学历的研发人员数分别增加了 6.81%、4.41%，而具有本科学历的研发人员数则减少了 13.61%（表 4-87）。

表 4-87　2016 年、2017 年相同样本企业中不同学历的研发人员数及在上市企业、新三板挂牌企业的分布

企业类型	年份	企业数/个	年末从业人员数/人	研发人员数/人	具有博士学历的研发人员数	具有硕士学历的研发人员数	具有本科学历的研发人员数
A 股上市	2016	15	28 469	4 848	82	1 145	3 482
	2017	15	31 664	5 655	66	1 004	4 325
海外上市	2016	2	711	134	1	5	94
	2017	2	1 960	90	0	4	44
新三板挂牌	2016	71	9 838	2 600	48	510	1 784
	2017	71	11 147	2 914	69	699	1 855
非上市及新三板挂牌	2016	1 494	149 544	35 815	940	6 447	25 034
	2017	1 494	154 418	33 269	1 004	6 731	21 627
总计	2016	1 582	188 562	43 397	1 071	8 107	30 394
	2017	1 582	199 189	41 928	1 139	8 438	27 851

6）按企业登记类型

2017 年，全国生态环保产业重点企业重合样本中内资企业、港澳台商投资企业、外商投资企业中研发人员分别减少了 1 206 人、193 人、70 人，降幅分别为 2.88%、23.34%、9.47%；其中，内资企业中具有博士、硕士学历的研发人员数均出现了增长，增幅分别为 7.94%、4.15%，具有本科学历的研发人员数则下降了 7.73%；港澳台商投资企业中具有博士、硕士、本科学历的研发人员数均出现了下降，降幅分别为 23.81%、14.55%、33.28%；外商投资企业中具有博士、本科学历的研发人员数均出现了下降，降幅分别为 9.09%、17.26%，具有硕士学历的研发人员数则增加了 27.03%（表 4-88）。

表 4-88　2016 年、2017 年相同样本企业中不同学历的研发人员数及在不同登记注册类型企业的分布

企业类型	年份	企业数/个	年末从业人员数/人	研发人员数/人	具有博士学历的研发人员数	具有硕士学历的研发人员数	具有本科学历的研发人员数
内资企业	2016	1 533	181 402	41 831	1 007	7 831	29 333
	2017	1 533	191 018	40 625	1 087	8 156	27 066

企业类型	年份	企业数/个	年末从业人员数/人	研发人员数/人	具有博士学历的研发人员数	具有硕士学历的研发人员数	具有本科学历的研发人员数
港澳台商投资企业	2016	27	4 375	827	42	165	580
	2017	27	4 241	634	32	141	387
外商投资企业	2016	22	2 785	739	22	111	481
	2017	22	3 930	669	20	141	398
总计	2016	1 582	188 562	43 397	1 071	8 107	30 394
	2017	1 582	199 189	41 928	1 139	8 438	27 851

4.4 全国生态环保产业人才资源发展存在的问题及政策建议

4.4.1 全国生态环保产业人才资源发展存在的问题

“十二五”“十三五”以来，在国家环境保护政策的强劲推动和环境保护投资的拉动下，我国生态环保产业取得了快速发展。2017 年，全国生态环保产业重点企业重合样本中从业人员数同比增长了 5.64%，高于全国就业人员、全国城镇就业人员及三大产业就业人员的同比增长率，与国民经济 19 大门类的 2017 年城镇单位就业人员同比增长率相比，仅低于批发和零售业，住宿和餐饮业，信息传输、软件和信息技术服务业，租赁和商务服务业，居民服务、修理和其他服务业，高于其他 14 个门类。然而，在保持从业人员总量快速增长的同时，我国生态环保产业人力发展也存在着以下问题：

（1）生态环保产业从业人员地域分布不均，部分地区人员流失严重

横亘在我国生态环保人才发展道路上的首要难题是从业人员分布不均，存在区域性短缺问题。2017 年年末，广东、浙江、云南、福建、江苏 5 个省份生态环保产业重点企业的从业人员数量分别占调查范围内从业人员数的 16.69%、10.26%、8.18%、7.78%、7.61%，五省生态环保产业重点企业从业人员数合计占全国生态环保产业重点企业从业人员数的比例为 50.52%，接近一半。东部地区生态环保产业重点企业的从业人员数占全国生态环保产业重点企业从业人员数的比例最高，达 51.21%，东北地区生态环保产业重点企业的从业人员数占全国生态环保产业重点企业从业人员数的比例最低，仅为 1.6%。从平均每个企业从业人员数来看，东部地区平均每个企业从业人员数最多，达 131 人，超过了中部、西部地区及东北地区。

此外，对比 2016 年调查数据可以发现，2017 年，全国生态环保产业重点企业重合样本中西部、中部地区从业人员增长幅度较大，达到或接近 8.50%，其次是东部地区，增长了 4.41%，而东北地区从业人员下降幅度较大，达到 12.95%，表明伴随着近年来以

资源型、重工业和国企为主的东三省经济增速的下滑，东北地区人才流失严重。

（2）人才向大企业、上市企业集聚，企业发展失衡

2017 年，列入全国生态环保产业重点企业基本情况调查的企业中 A 股上市企业、海外上市企业、新三板挂牌企业平均每个企业从业人员数分别为 2 227 人、980 人、155 人，非上市及新三板挂牌企业平均每个企业从业人员数为 102 人。2017 年，全国生态环保产业重点企业中大、中、小、微企业的人均营业收入差别较大，呈现出企业规模越大，人均营业收入越高的明显特征。大型企业人均营业收入分别达到中型企业的 2.45 倍、小型企业的 6.85 倍、微型企业的 21.90 倍。人均营业收入最高的是 A 股上市环保企业，且远高于其他 3 类企业。由此可见，大企业、上市企业由于企业规模较大，市场竞争力较强，集聚了更多的人才资源。

（3）生态环保产业领域从业人员性别结构不平衡

2017 年年末，全国生态环保产业重点企业从业人员中，男女从业人员比例为 2.66∶1，且不论企业的经营范围、规模、登记注册类型，是否为高新技术企业、是否上市及新三板挂牌，女性从业人员占比基本分布在 25%～30%，与男性从业人员占比相比，均较低。与国民经济十九大门类中的城镇非私营单位女性就业人员占比相比，生态环保产业重点企业中的女性从业人员数占比仅高于采矿业，建筑业，交通运输、仓储和邮政业，与电力、热力、燃气及水生产和供应业持平。

（4）研发人员流失、分布不均衡且高端研发型生态环保人才匮乏

生态环保产业是高新技术产业，其发展离不开先进技术的支持，因此，研发人员对于产业发展至关重要。然而，2017 年，全国生态环保产业重点企业重合样本中研发人员减少 1 469 人，同比减少 3.39%，表明行业存在着研发人员流失的现象。

此外，我国生态环保产业研发人员分布并不均衡，从区域分布来看，2017 年生态环保产业重点企业中东部、中部地区研发人员数占比较高，而西部地区研发人员数占比相对较低，在一定程度上反映了与西部地区相比，东部、中部产业相对较高端。

从研发人员的学历水平来看，2017 年，列入全国生态环保产业重点企业基本情况调查的企业中，具有博士、硕士学历的研发人员数仅占研发人员数的 21.73%。东部、中部地区研发人员中具有研究生以上学历（含博士、硕士）的人员数占比相对较高，而西部、东北地区研发人员则主要为本科学历。虽然与 2016 年相比，2017 年，全国生态环保产业重点企业重合样本中具有博士、硕士学历的研发人员数均有所增加，但生态环保产业依然存在高端研发型生态环保人才匮乏的问题。

（5）劳动生产效率低下

人均营业收入是考核从业人员劳动生产效率的指标。人均营业收入越高，从业人员的劳动生产效率越高。2017 年，全国生态环保产业重点企业的人均营业收入比 2017 年

规模以上工业企业人均主营业务收入低19.54%，即使是人均营业收入最高的东部地区，也仅达到2017年规模以上工业企业人均主营业务收入，西部地区和中部地区尚未达到2017年规模以上工业企业人均主营业务收入的64.82%，东北地区仅为2017年规模以上工业企业人均主营业务收入的43.20%。

4.4.2 全国生态环保产业重点企业人才资源发展的政策建议

人才问题是关系生态环保产业发展的关键问题，我国生态环保产业的发展需要一支道德高尚、素质优良、规模宏大、结构合理的生态环保人才队伍为支撑。根据对生态环保产业人力资源现状、变化趋势、存在问题的分析，结合我国生态环保产业发展对人才资源的需要，对生态环保产业人才资源发展提出如下政策建议：

（1）优化人力资源配置，大力支持西部及东北地区生态环保产业人力资源开发

坚持把生态环保产业人力资源开发与西部大开发及振兴东北结合起来，紧密围绕西部大开发及振兴东北目标，研究落实西部及东北地区生态环保人才资源开发的各项措施，为西部及东北地区生态环保人才资源开发提供指导和服务。

坚持政策支持与发挥市场机制作用相结合，制定优惠政策，用好现有人才，加大对西部及东北地区生态环保产业人才的培养力度，重点培养西部及东北地区生态环保急需的高层次人才。针对西部大开发及振兴东北中的重大环境问题，组织举办各类高层次人才培训和研讨班。

（2）加大对生态环保产业人才资源开发培养力度

支持设立以培养生态环保产业人才为主的各类生态环保学校，加大对生态环保产业从业人员的职业培训教育力度，结合环境影响评价、污染治理设施运营、注册环保工程师等制度的推进和管理工作，加强对相关从业人员的岗位培训及继续教育；依托重点高校和环境科研院所，结合重点环境科技研发项目，加强对生态环保产业技术人才的培养；加强对高层次生态环保产业技术及管理人才的引进及培养，可在政府环保总投资中设立相应比例的人才资源开发专项资金，建立财政专门预算科目，主要用于培养和引进高层次专业技术人才、高级管理人才等紧缺人才和奖励有突出贡献的优秀人才。

（3）以能力建设为核心，提高生态环保产业人力的整体素质

创新政策，营造有利于环境科技创新的社会环境。支持环境科技人员在环境科技型企业就业，鼓励生态环保产业专业技术人才从事科技成果转化工作，对技术创新和科技成果转化做出突出贡献的研发人员给予重奖，以增强产业的持续创新能力，提高生态环保投资效益。

改革和完善专业技术职称评聘制度。在职称评定与聘任过程中，突出创新意识，坚持重业绩、重能力的原则，对确有突出贡献的专业人才，特别是中青年拔尖人才，可以

破格授予专业技术职称。同时，职称评聘要适当地向企业倾斜。

（4）建立生态环保产业人才资源信息采集体系，积极做好信息服务工作

建设中国生态环保产业人才信息网络，建立生态环保产业人才资源信息采集体系，定期发布生态环保产业人才的供求信息、政策信息、培训信息以及人才资源开发的其他信息。充分利用生态环境系统现行的统计渠道，建立生态环保产业人才统计制度，掌握人才队伍基本状况，了解资源总量、地区分布和结构情况。完善人才统计指标体系，建立专项调查制度，加强人才统计分析。建立与全国高校定期联系制度，掌握生态环保人才的毕业情况，建立人才供求联系机制，为用人单位和高校提供信息服务。建立全国统一的、多层次的、分类型的生态环保产业人才资源数据库，实现生态环保人才信息全国联网。

第5章　我国生态环保人才信息化平台建设[①]

结合生态环保人才队伍战略研究和数字化建设项目，项目组开发的“全国环境保护系统组织机构与人员信息填报系统”和“全国生态环保人才资源数据库”，作为项目框架中的主要平台层，实现了对生态环保人才资源的标准化、信息化管理以及不同维度的人才结构分析和可视化展示，推动了国家生态环保人才数字化、平台化、信息化建设工作。同时还开发了“专业技术高层次人才申报系统”，作为生态环保高层次人才选拔与管理的平台，推动生态环保领域高层次人才的培养。

5.1　全国生态环保人才信息采集系统

这里的生态环保人才信息、采集系统特指生态环境部为进行生态环保人才资源统计开发的“全国环境保护系统组织机构与人员信息填报系统”采用的先进的云架构部署方式，运行于生态环保业务专网，集成于微服务架构设计的生态环保外网业务管理门户上，实现了软件模块和数据的去中心化，系统实现了全国生态环境系统单位机构编制和相关生态环保产业的人才信息化采集和人才资源信息管理，并在生态环保人才资源信息采集工作中实现业务化应用。

本节主要从管理员操作、用户填报操作、相关报表的填报说明等方面对该系统进行介绍。

5.1.1　管理员用户操作说明

信息采集系统操作说明设计了详细的管理员用户操作说明，从管理员系统登录、系统主界面、机构编制信息表、人才管理信息表、人才基础信息表、填报审核、用户管理、用户设置等方面全方位说明了管理员用户操作（图5-1～图5-12）。

---

① 本章相关系统平台多是在“环境保护部”改为“生态环境部”之前开发建设的，其名称中所含“环保人才”大部分没有修改为“生态环保人才”。本章沿用其既有名称，相关截图生成于改名前，其图中关于“环境保护部”的写法暂不修改。

图 5-1　登录页面

图 5-2　主界面

主界面 机构编制信息表 人才管理信息表 人才基础信息表 填报审核 用户管理 我的设置 退出

组织机构编制信息

以下是您管辖的组织机构编制信息列表。

✔下载

没有找到组织机构记录。

序号	机构编码	机构名称	录入日期	修改日期	版本

没有显示结果。

Version1.0 | 当前用户：100000

© 2013 环境保护部行政体制与人事司

图 5-3 组织机构编制信息表

主界面 机构编制信息表 人才管理信息表 人才基础信息表 我的设置 退出

全国环境保护系统机构编制基础信息统计表

2012年度

表　号：环人统1表
制表机关：环境保护部
批准机关：国家统计局
批准文号：组通字[2011]11

机构名称：环境保护部机关　机构其它名称：

机构性质	请选择	机构类别	请选择	组织机构代码		法定代表人	
隶属关系	请选择	机构级别	请选择	机构设立形式	请选择		
批准编制数	行政编制数			年末实有人员数	行政编制人员数		
	事业编制数（参公）				事业编制（参公）人员数		
	事业编制数（非参公）				事业编制（非参公）人员数		
	其他编制数				其他编制人员数		
	财政补助编制数				财政补助编制人员数		
	经费自理编制数				经费自理编制人员数		
					编外聘用人员数		
领导职数情况				内设机构情况			
联系人		联系电话		联系地址			

图 5-4 查看组织机构编制信息统计表

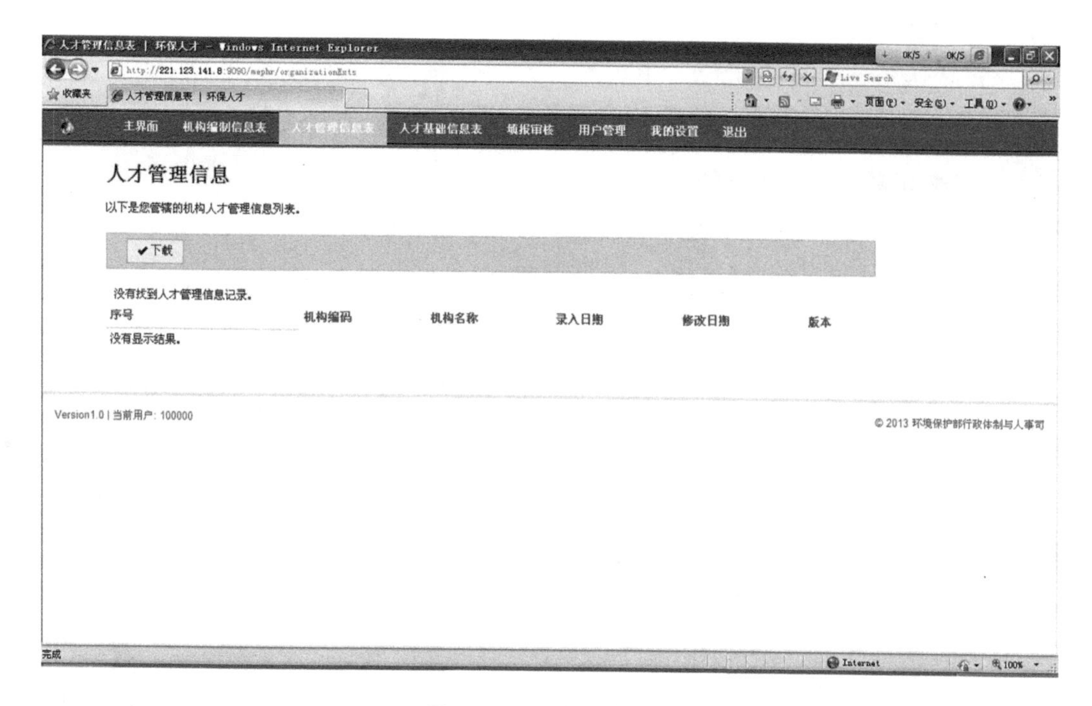

图 5-5　人才管理信息表

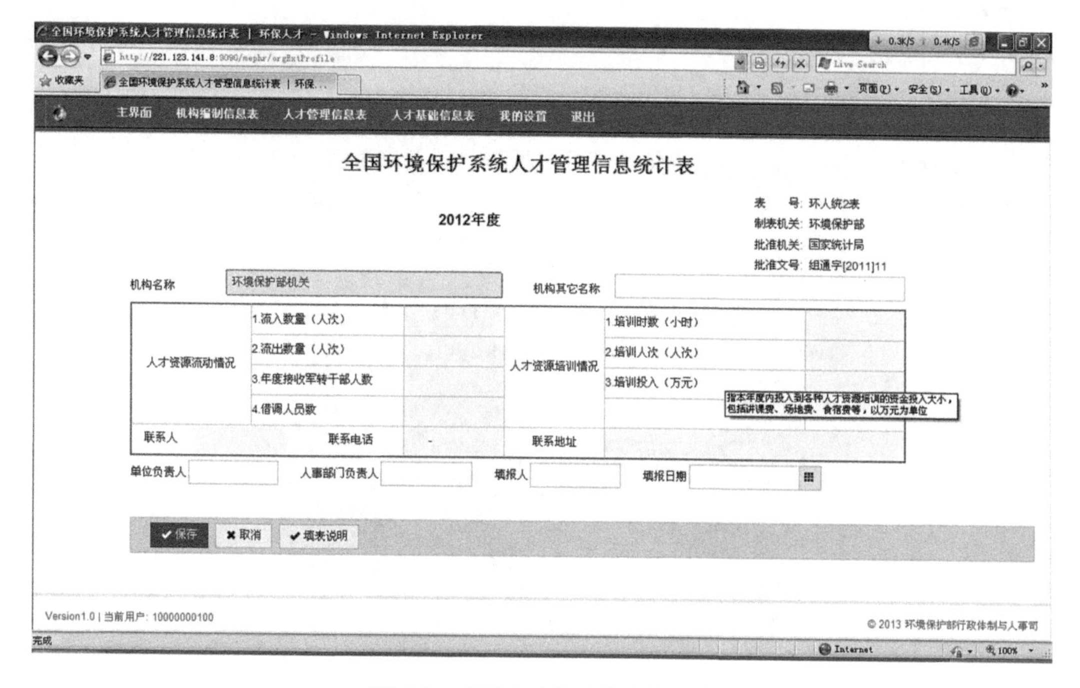

图 5-6　查看人才管理信息统计表

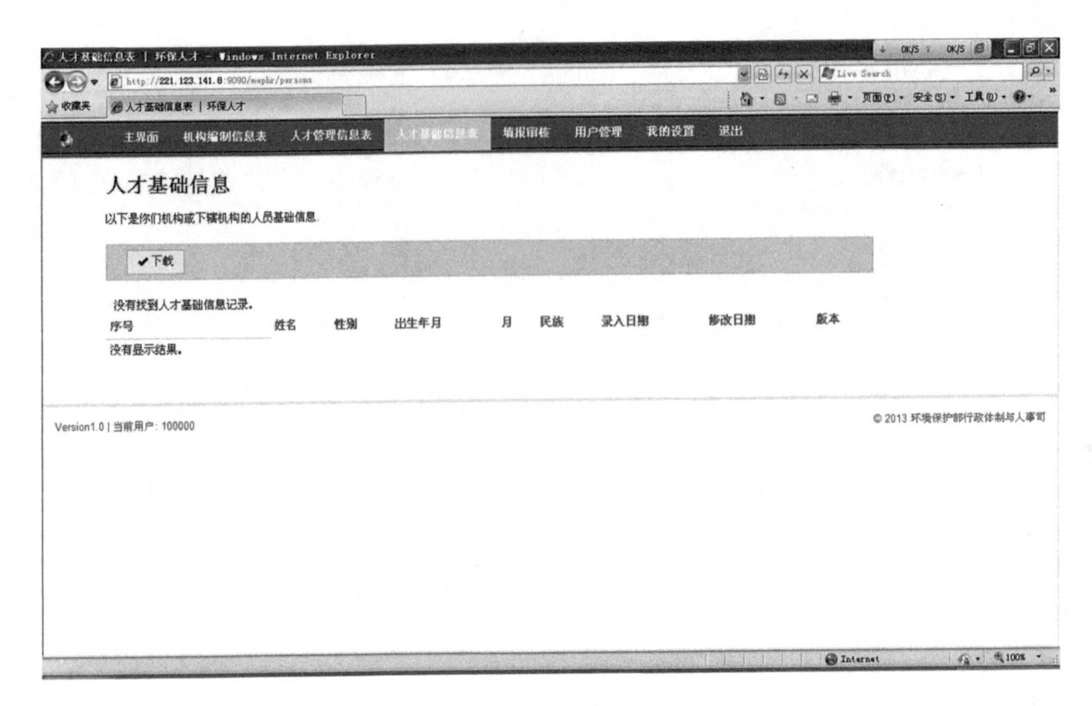

图 5-7　人才基础信息表

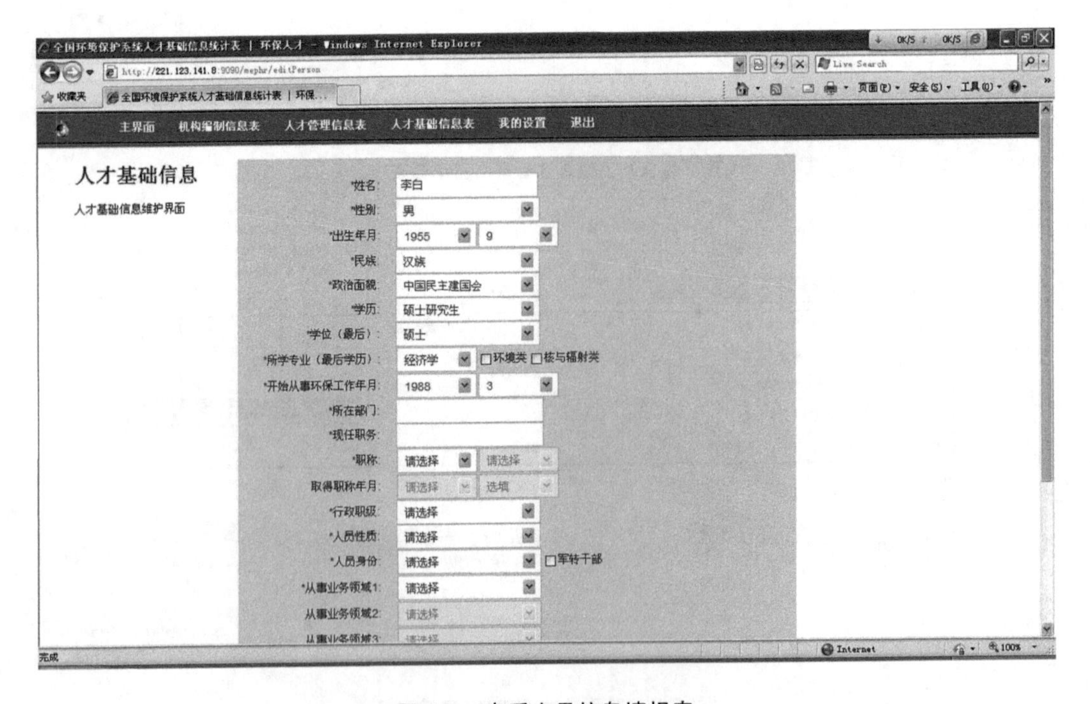

图 5-8　查看人员信息填报表

图 5-9　填报审核页面

图 5-10　填报用户管理页面

用户信息设置 | 环保人才 - Windows Internet Explorer

http://221.123.141.8:9090/mephr/editOrgUser?method=Add&from=list

用户信息设置 | 环保人才

主界面　机构编制信息表　人才管理信息表　人才基础信息表　填报审核　用户管理　我的设置　退出

用户设置

您可以按如下表格，更新用户的信息。

机构编码由机构所在行政区划代码6位+3位流水号+2位代管机构流水号组成，对于主管机构代管机构流水号为"00"，如，中国环境科学研究院-10000001600，环境保护部环境标准研究所-10000001601

机构从属:

*机构名称:

*机构编码:　填写3位流水号2位代管机构流水号共5个数字即可

*密码:

*确认密码:

✔ 保存　✖ 取消

Version1.0 | 当前用户: 100000

© 2013 环境保护部行政体制与人事司

完成

图 5-11　添加用户页面

用户信息设置 | 环保人才 - Windows Internet Explorer

http://221.123.141.8:9090/mephr/editProfile

用户信息设置 | 环保人才

主界面　机构编制信息表　人才管理信息表　人才基础信息表　填报审核　用户管理　我的设置　退出

用户设置

请按如下表格更新您的信息。

机构编码由机构所在行政区划代码6位+3位流水号+2位代管机构流水号组成，对于主管机构代管机构流水号为"00"，如，中国环境科学研究院-10000001600，环境保护部环境标准研究所-10000001601

*机构名称: 环境保护部

*机构编码: 100000

*密码: ••

*确认密码: ••

✔ 保存　✖ 取消

Version1.0 | 当前用户: 100000

© 2013 环境保护部行政体制与人事司

完成

图 5-12　用户设置页面

5.1.2　填报用户操作说明

信息采集系统操作说明设计了详细的填表用户操作说明，从系统登录、系统主界面、机构编制信息表、人才管理信息表、人才基础信息表、用户设置等方面全方位说明了填报用户操作（图 5-13～图 5-21）。

图 5-13　登录页面

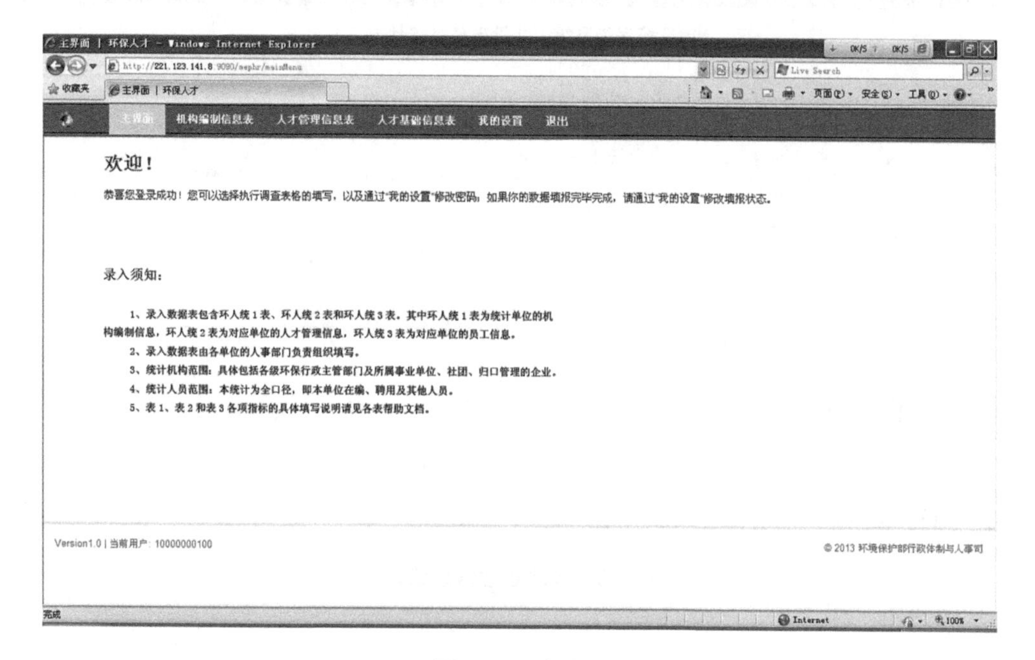

图 5-14　主界面

图 5-15　机构编制信息统计表

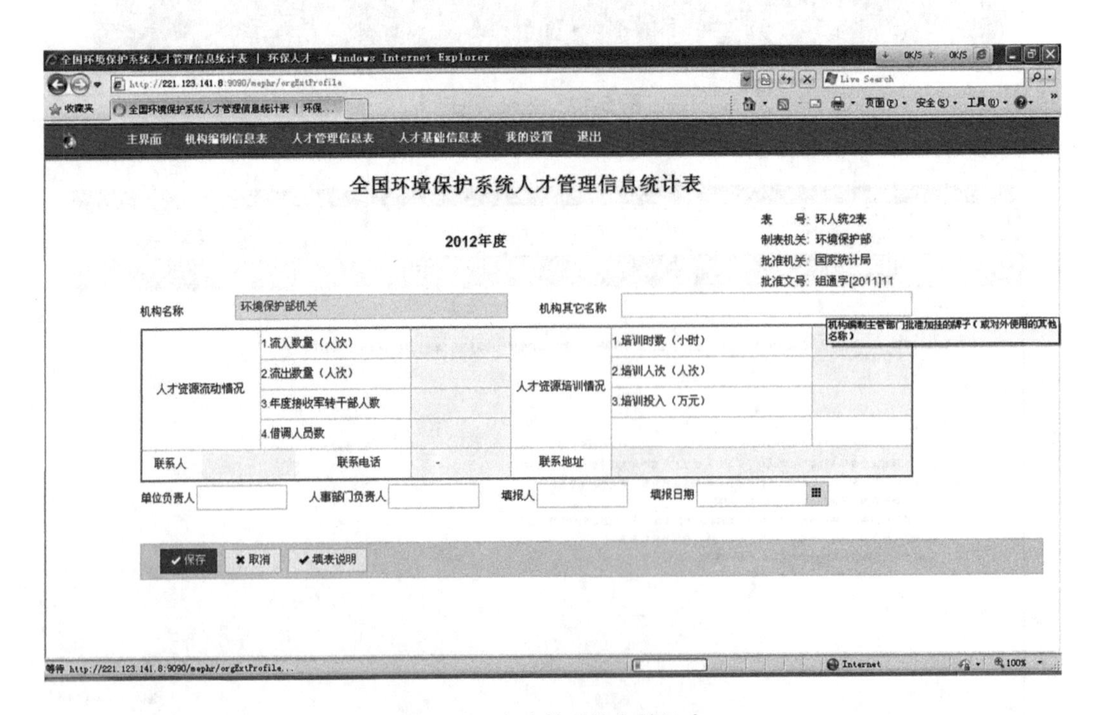

图 5-16　人才管理信息统计表

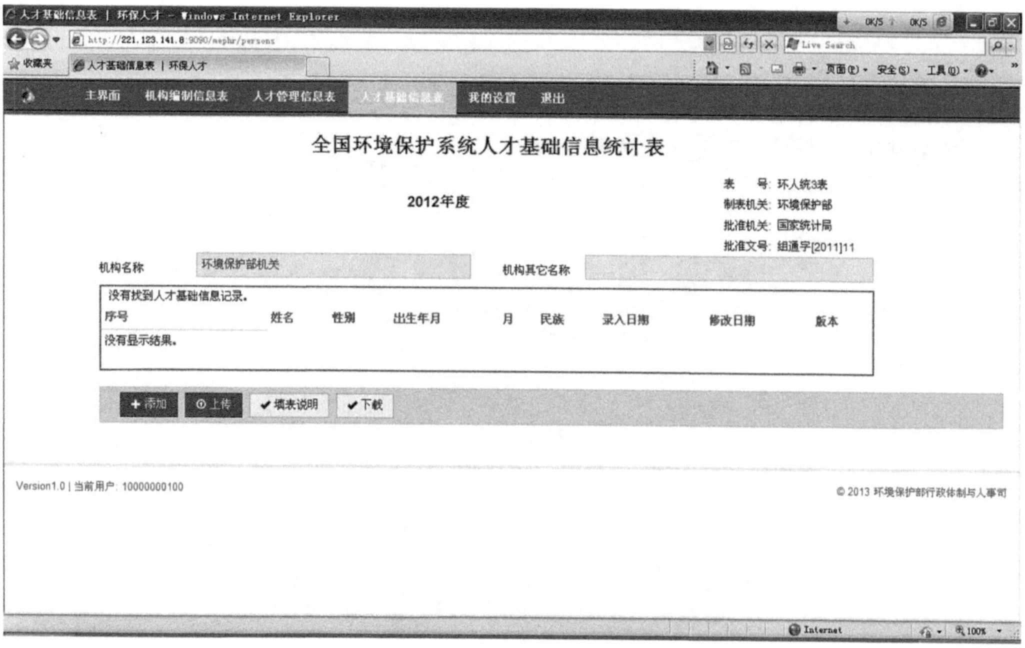

人才基础信息表 | 环保人才 - Windows Internet Explorer

http://221.123.141.8:9090/nephr/persons

主界面　机构编制信息表　人才管理信息表　人才基础信息表　我的设置　退出

全国环境保护系统人才基础信息统计表

2012年度

表　　号：环人统3表
制表机关：环境保护部
批准机关：国家统计局
批准文号：组通字[2011]11

机构名称　环境保护部机关　　机构其它名称

没有找到人才基础信息记录。

序号	姓名	性别	出生年月	月	民族	录入日期	修改日期	版本

没有显示结果。

+ 添加　上传　✔ 填表说明　✔ 下载

Version1.0 | 当前用户：10000000100

© 2013 环境保护部行政体制与人事司

图 5-17　人才基础信息统计表

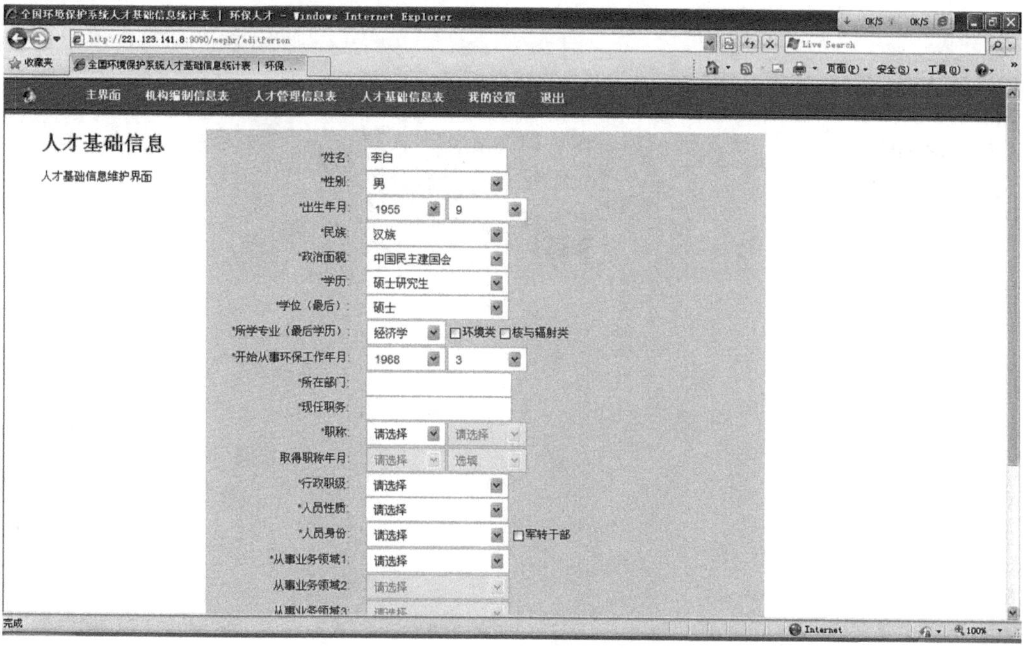

全国环境保护系统人才基础信息统计表 | 环保人才 - Windows Internet Explorer

http://221.123.141.8:9090/nephr/editPerson

主界面　机构编制信息表　人才管理信息表　人才基础信息表　我的设置　退出

人才基础信息

人才基础信息维护界面

*姓名：李白
*性别：男
*出生年月：1955　9
*民族：汉族
*政治面貌：中国民主建国会
*学历：硕士研究生
*学位（最后）：硕士
*所学专业（最后学历）：经济学　□环境类　□核与辐射类
*开始从事环保工作年月：1988　3
*所在部门：
*现任职务：
*职称：请选择　请选择
取得职称年月：请选择　选择
*行政职级：请选择
*人员性质：请选择
*人员身份：请选择　□军转干部
*从事业务领域1：请选择
从事业务领域2：请选择
从事业务领域3：请选择

完成

图 5-18　查看人员填报信息

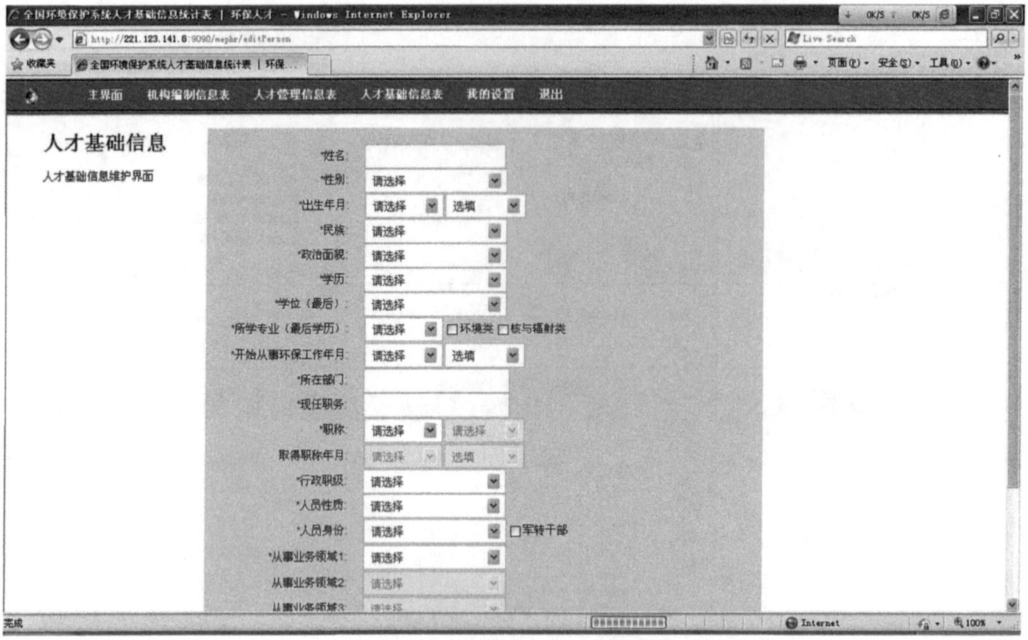

全国环境保护系统人才基础信息统计表 | 环保人才 - Windows Internet Explorer

http://221.123.141.8:9090/mephr/editPerson

收藏夹　全国环境保护系统人才基础信息统计表 | 环保...

主界面　机构编制信息表　人才管理信息表　人才基础信息表　我的设置　退出

人才基础信息

人才基础信息维护界面

*姓名：

*性别：请选择

*出生年月：请选择　选填

*民族：请选择

*政治面貌：请选择

*学历：请选择

*学位（最后）：请选择

*所学专业（最后学历）：请选择　□环境类 □核与辐射类

*开始从事环保工作年月：请选择　选填

*所在部门：

*现任职务：

*职称：请选择　请选择

取得职称年月：请选择　选填

*行政职级：请选择

*人员性质：请选择

*人员身份：请选择　□军转干部

*从事业务领域1：请选择

从事业务领域2：请选择

从事业务领域3：请选择

完成　Internet　100%

图 5-19　人员信息录入界面

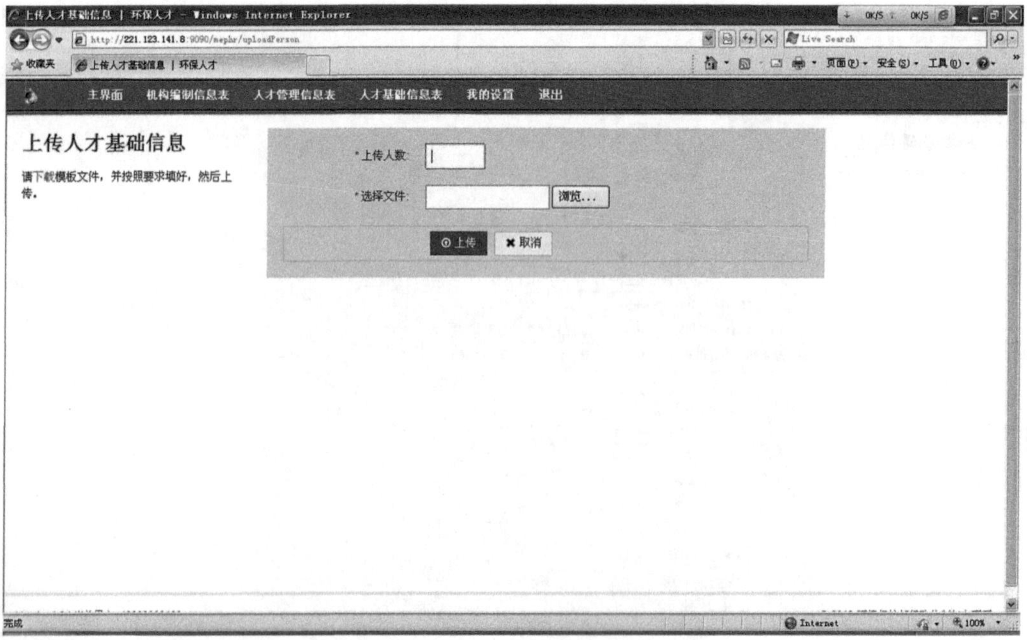

上传人才基础信息 | 环保人才 - Windows Internet Explorer

http://221.123.141.8:9090/mephr/uploadPerson

收藏夹　上传人才基础信息 | 环保人才

主界面　机构编制信息表　人才管理信息表　人才基础信息表　我的设置　退出

上传人才基础信息

请下载模板文件，并按照要求填好，然后上传。

*上传人数：

*选择文件：　浏览...

上传　取消

完成　Internet　100%

图 5-20　人员信息导入界面

图 5-21　用户设置界面

5.1.3　相关报表填报说明

环人统表1指上述系统的生态环境机构编制信息报送表，分别从机构名称、机构性质、机构类别、组织机构代码、法定代表人、隶属关系、机构级别、机构设立形式、批准编制数、年末实有人员数、企业人员数、内设机构情况、领导职数情况、联系人、联系电话、联系地址等方面介绍了表格填写说明。

环人统表2指生态环保人才管理信息报送表，分别从人才资源流动情况、人才资源培训情况、联系人、联系电话和联系地址等方面介绍了表格填写说明。

环人统表3指生态环保人才基础信息报送表，分别从民族、政治面貌、学历、学位（最后）、所学专业（最后学历）、开始从事生态环保工作时间、所在部门、现任职务、行政职级、职称、人员性质、人员身份和从事业务领域等方面介绍了表格填写说明。

5.2　全国生态环保人才数据库系统

5.2.1　系统概述

全国生态环保人才数据库系统，特指为分析生态环境部的生态环保人才资源统计数据（即5.1全国生态环保人才信息采集系统收集的数据），而建立的“全国环保人才资源信息系统”，是提供人才数据个性化查询、展示的平台。该系统包括生态环保人才统计调查的数据分类、数据成果、数据查询、数据检索和数据下载等相关操作，还包括系统管理和地图展示相关功能模块。下面将解释相关模块的操作。

5.2.2　相关操作

数据分类主要是查找现存的度量与实体。

度量是指在MSTR中建立的需要通过聚合函数计算的列，在新建度量之前，需要先新建实体。

实体是指数据库表中某张表中具体的某个字段。

数据分类只提供查询功能，不能进行修改，如果有需要，可以进行MSTR Desktop中进行修改。数据分类界面如图5-22所示。

图5-22　数据分类界面

数据分类具体操作如下：

点击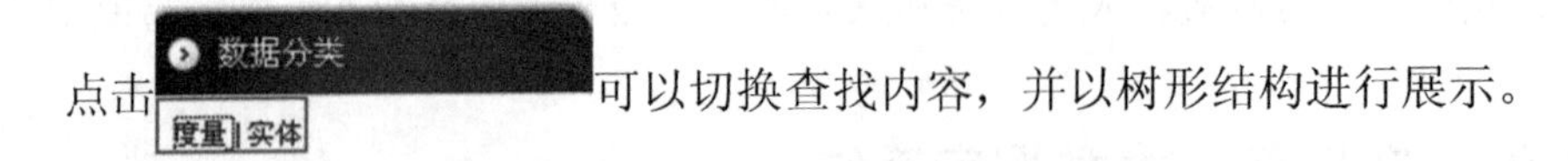

可以切换查找内容，并以树形结构进行展示。

同时如果该目录下有相应的度量或实体，会在右面的查询结果栏进行显示，如图5-23所示。

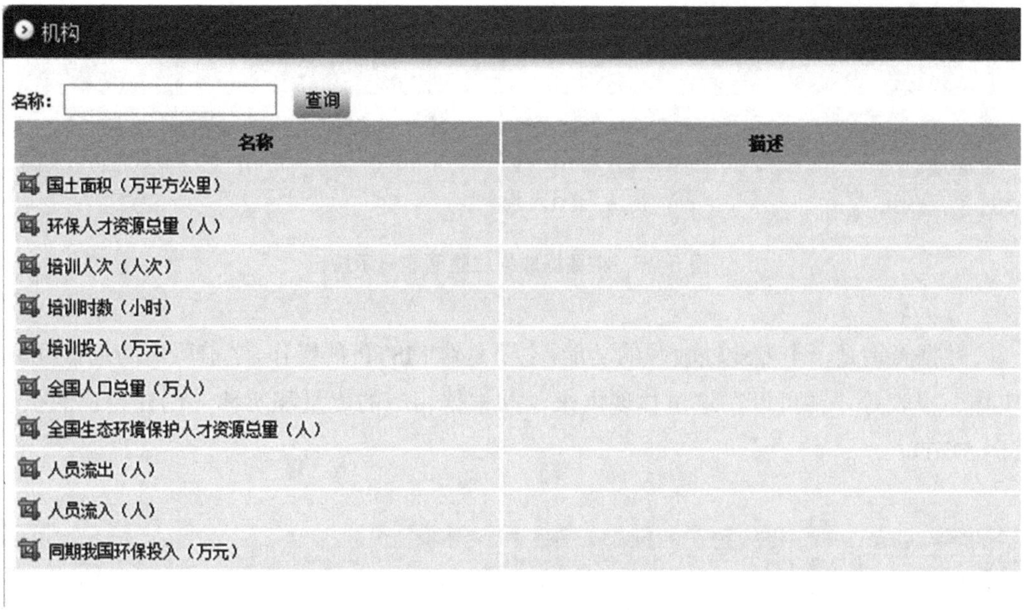

机构

名称：　查询

名称	描述
国土面积（万平方公里）	
环保人才资源总量（人）	
培训人次（人次）	
培训时数（小时）	
培训投入（万元）	
全国人口总量（万人）	
全国生态环境保护人才资源总量（人）	
人员流出（人）	
人员流入（人）	
同期我国环保投入（万元）	

图 5-23　机构数据分类

如果数据过大，可以通过 机构 名称：查询 再进行筛选，查看已经完成的报表或仪表盘（例如，查看单位基本信息）。

数据成果所展示的是关于人才库的所有报表，打开某张报表，可以对其进行各种排序、筛选甚至重新组织报表形式的操作，也可以通过图形的方式进行展示（图 5-24）。

机构

名称	创建时间	修改时间	描述	所有者	操作
单位基本信息	2011-11-23	2011-11-24			
各省机构个数	2011-12-26	2011-12-26			

图 5-24　查看已经完成的报表

数据成果的操作与数据分类相似，只是显示的不是度量或实体，而是报表。并且多了 4 种操作，分别为“导出 PDF”“导出 Excel”“移动”，“删除”。

点击此按钮，可以将数据成果栏进行隐藏或显示（图 5-25）。

机构

名称	创建时间	修改时间	描述	所有者	操作
单位基本信息	2011-11-23	2011-11-24			
各省机构个数	2011-12-26	2011-12-26			

图 5-25　将数据成果栏隐藏或显示按钮

数据查询是一个专业性较强的功能，主要是对 MSTR 的操作，之前所用的包括度量、实体、报表等，都可以在这里体现出来，并根据相应的度量和实体，创建自己的报表（图 5-26）。

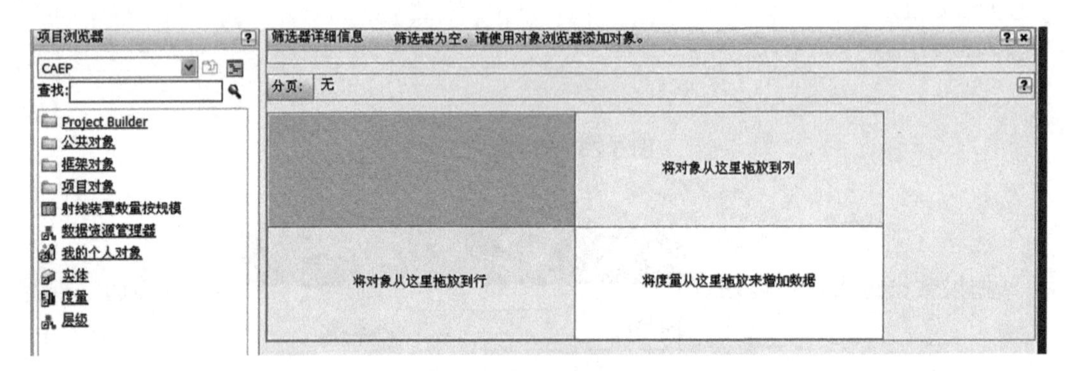

图 5-26　创建报表进行数据查询

数据检索，是一个功能强大的搜索工具，如果文档、报表、提示过多的话，数据检索则是快速找到报表的利器。如图 5-27 所示。

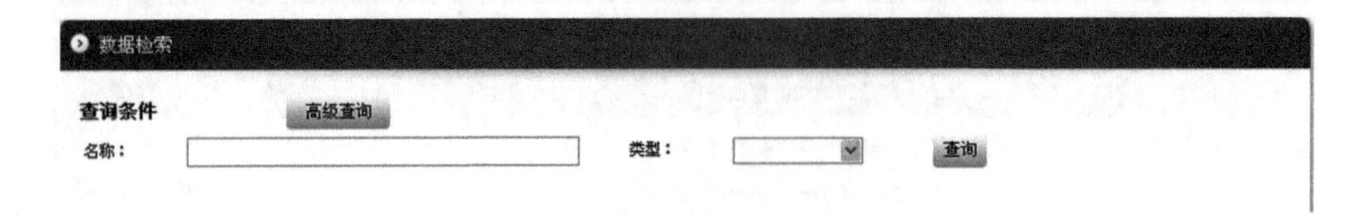

图 5-27　数据检索界面

如果仅仅是名称还不足以区分出报表的话，数据检索还提供了更加强大的高级查询，通过描述、创建时间、更新时间等进行查找，查询出来的结果更加精准（图 5-28）。

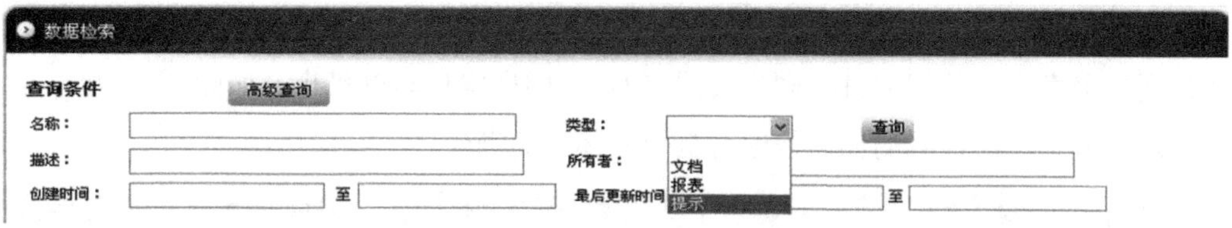

图 5-28　数据高级查询界面

数据下载的操作方式与数据分类、数据成果非常类似，这样更加有利于用户操作统一化、简单化，在功能方面，整合了搜索与导出报表的功能。支持“PDF”“Excel”格式（图 5-29）。

图 5-29　数据下载界面

5.2.3　系统管理

系统管理的操作必须是管理员。

系统管理功能如图 5-30 所示。

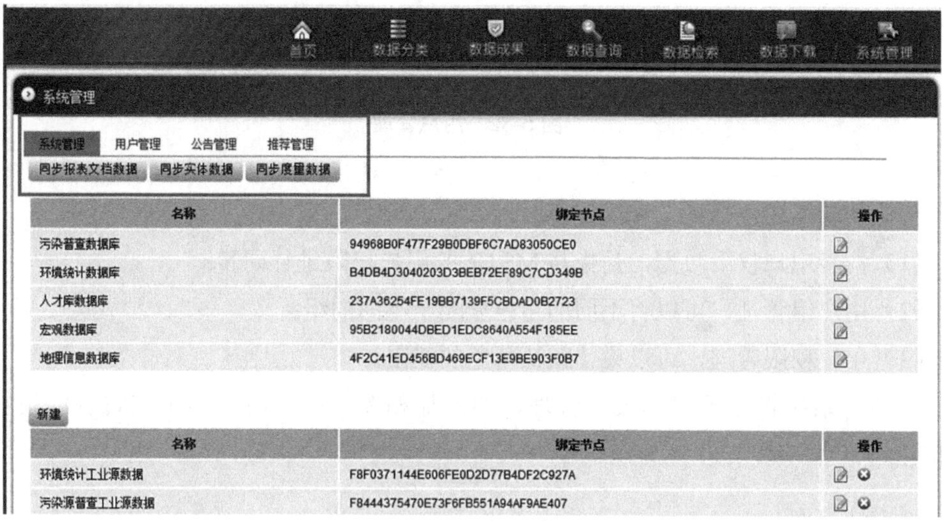

图 5-30　系统管理界面

这里的同步指的是与 MSTR 进行同步。在修改完 DeskTop 中的某个报表后，需要通过同步报表文档数据来进行同步（图 5-31）。同样实体与度量也是如此。

这里就是前面提到的如何修改首页中间部分的操作。

名称	绑定节点	操作
污染普查数据库	EE6535CC4543494A4EF336ACDC8077CE	
环境统计数据库	B4DB4D3040203D3BEB72EF89C7CD349B	
人才库数据库	0B8AF7664553B2DC1576FD8C7824A813	
宏观数据库	95B2180044DBED1EDC8640A554F185EE	
地理信息数据库	4F2C41ED456BD469ECF13E9BE903F0B7	

图 5-31 同步报表文档界面

用户管理模块，可以对用户进行新增、信息修改维护和删除。其中用户信息包括登录名、名称、邮箱地址、电话，以及用户所属组和身份等信息。界面如图 5-32 所示。

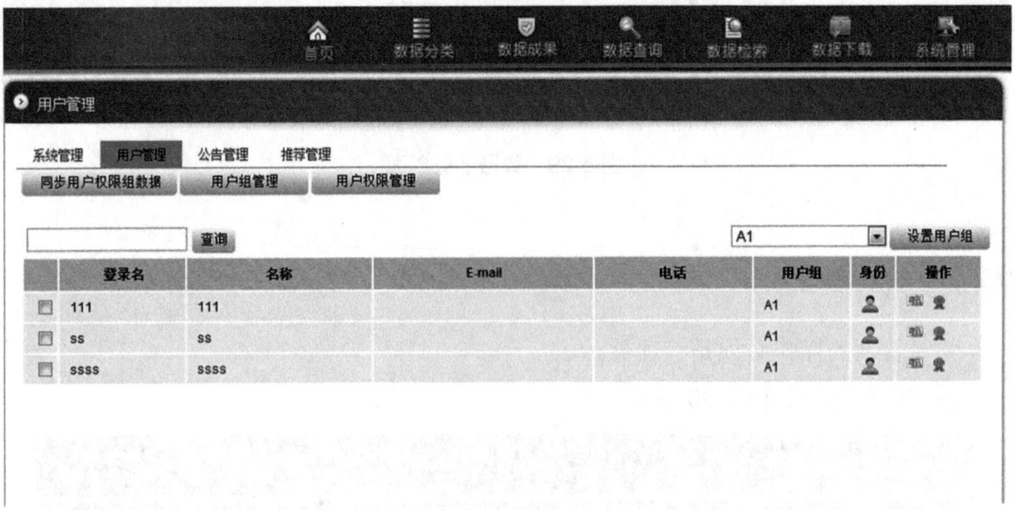

首页 数据分类 数据成果 数据查询 数据检索 数据下载 系统管理

用户管理

系统管理 用户管理 公告管理 推荐管理

同步用户权限组数据 用户组管理 用户权限管理

查询 A1 设置用户组

	登录名	名称	E-mail	电话	用户组	身份	操作
	111	111			A1		
	ss	ss			A1		
	ssss	ssss			A1		

图 5-32 用户管理

其他的功能还包括：

（1）同步用户权限数据，是指与 MSTR 的用户权限进行同步；

（2）用户组管理，可以将不同的角色分配至不同的组；

（3）用户权限管理，可以设计默认角色的权限。

此外，系统管理还包括公告管理，即添加相关公告，将会显示在首页的快报栏（图 5-33）。

图 5-33　公告管理

5.2.4　地图展示

该系统地图分类包括行政区划、地理区划、城市群，本平台默认选择“行政区划”。

行政区划：包括全国 31 个省（自治区、直辖市），将鼠标移动到各个省（自治区、直辖市），将会显示该省（自治区、直辖市）总人数。通过单击某省（自治区、直辖市）的区域，能够显示该省（自治区、直辖市）的地市信息。

地理区划：包括中部地区、西部地区、中部地区、东北地区 4 个部分。

流域划分：包括西北诸河区、松花江区、辽河区、海河区、黄河区、淮河区、长江区、东南诸河区、珠江区、西南诸河区、西北诸河区。

城市群：新疆乌鲁木齐城市群、辽宁中部城市群、珠三角、山西中北部城市群、陕西关中城市群、长三角、山东半岛城市群、海峡西岸城市群、武汉及其周边城市群、京津冀、长株潭城市群、成渝城市群。

鼠标移动到某区域时，将会显示该区域的名称，以及具体的人才数。通过对比图例，即可直观地看出不同地区的人才数量情况。

5.3 全国生态环保专业技术高层次人才申报系统

5.3.1 系统概述

为贯彻落实《生态环境保护人才发展中长期规划（2010—2020年）》，加大生态环境部直属单位高层次专业技术人才引进力度，加强生态环保人才队伍建设，特别是培养和鼓励在生态环境科学技术研究与应用、科技成果转化、理论政策创新、法律法规研究、文化艺术传播、国际合作交流、产业发展等环境保护相关专业领域取得国内外同行公认的重要创新性成果，掌握重大环境科技领域、管理学科领域或急需紧缺专业的关键技术、发明专利或重要技能，为生态环境保护重大任务、重点领域及重要工程提供有力的人才支撑，原环境保护部印发了《环境保护部引进高层次专业技术人才实施办法（试行）》的通知（环办〔2013〕40号），技术支持单位开发了“专业技术高层次人才申报系统”。

该系统包括注册、登录以及相关信息的填报等用户操作功能。其中需填报的信息包括申报人的教育、工作经历，任/兼职和入选其他培养计划、奖项情况，已经获得的专利、论文、著作等学术成果，成果的应用、推广价值等信息。输入系统地址，使用回车或前往键，正常打开系统首页，如图5-34所示。

图5-34 系统首页

5.3.2 注册登录

（1）用户注册

点击“新注册”按钮，正常进入用户注册界面，如图5-35所示。

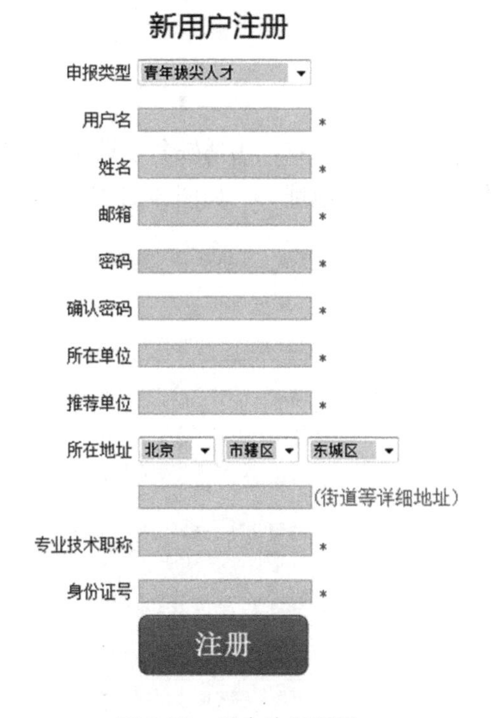

图 5-35　用户注册界面

输入用户信息后，点击注册按钮，提示用户注册成功；注册成功的用户名支持登录操作。

（2）用户登录

在用户登录框中输入已注册用户的用户名、密码及验证码，选择目标用户类型后，点击登录按钮，可正常登录系统进行操作，如图 5-36 所示。

图 5-36　用户登录界面

5.3.3 信息填报

（1）基本信息

用户登录后，默认显示基本信息表，包括姓名、性别、出生日期、民族、籍贯、党派、学历、学位、工作单位信息和地址等，如图 5-37 所示。

图 5-37 基本信息填报界面

用户可通过左侧导航栏进行目标表格选择，也可通过点击“下一步”按钮进行表格切换操作，每个表格填写页均存在“保存信息”按钮，用户可随时保存已填写的用户信息。用户可通过点击右侧“浏览”按钮进行照片上传操作。

（2）教育经历

点击左侧导航栏“教育经历”或点击“下一步”按钮进入“教育经历”信息页，包括大专/本科以来的所有受教育经历，如图 5-38 所示。

图 5-38　教育经历填报界面

用户可通过“+”按钮进行信息填写项的增加操作；可通过“-”按钮进行信息填写项的删除操作；可通过撤销按钮进行已填写信息的撤销操作。下同。

（3）主要工作经历

点击左侧导航栏“主要工作经历”或点击“下一步”按钮进入“主要工作经历”信息填写页，填写包括国外工作在内的所有工作经历，如图 5-39 所示。

图 5-39 主要工作经历填报界面

（4）专业技术团体机构任/兼职

点击左侧导航栏“专业技术团体机构任/兼职”或点击“下一步”按钮进入“专业技术团体机构任/兼职”信息页，填写最多 6 项任/兼职，如图 5-40 所示。

图 5-40　专业技术团体机构任/兼职填报界面

（5）入选培养计划、资助项目

点击左侧导航栏“入选培养计划、资助项目”或点击“下一步”按钮进入“入选培养计划、资助项目”信息页，填写最多 7 项其他的培养计划、资助项目，如图 5-41 所示。

图 5-41　入选培养计划、资助项目填报界面

（6）获奖情况

点击左侧导航栏“获奖情况”或点击“下一步”按钮进入“获奖情况”信息页，填写最多 10 项以前获得的相关奖励，如图 5-42 所示。

图 5-42　获奖情况填报界面

（7）所获专利情况

点击左侧导航栏“所获专利情况”或点击“下一步”按钮进入“所获专利情况”信息页，填写最多6项近期获得的重要专利成果，如图5-43所示。

图5-43 所获专利情况填报界面

（8）主持或参与课题、专项

点击左侧导航栏“主持或参与课题、专项”或点击“下一步”按钮进入“主持或参与课题、专项”信息页，填写最多 10 项本人主持或参与的课题、专项，如图 5-44 所示。

图 5-44　主持或参与课题、专项填报界面

（9）论文和著作

点击左侧导航栏“论文和著作”或点击“下一步”按钮进入“论文和著作”信息页，填写本文近期发表或者出版的不超过10篇论文、不超过5部专著，本人需为前三作者，如图5-45所示。

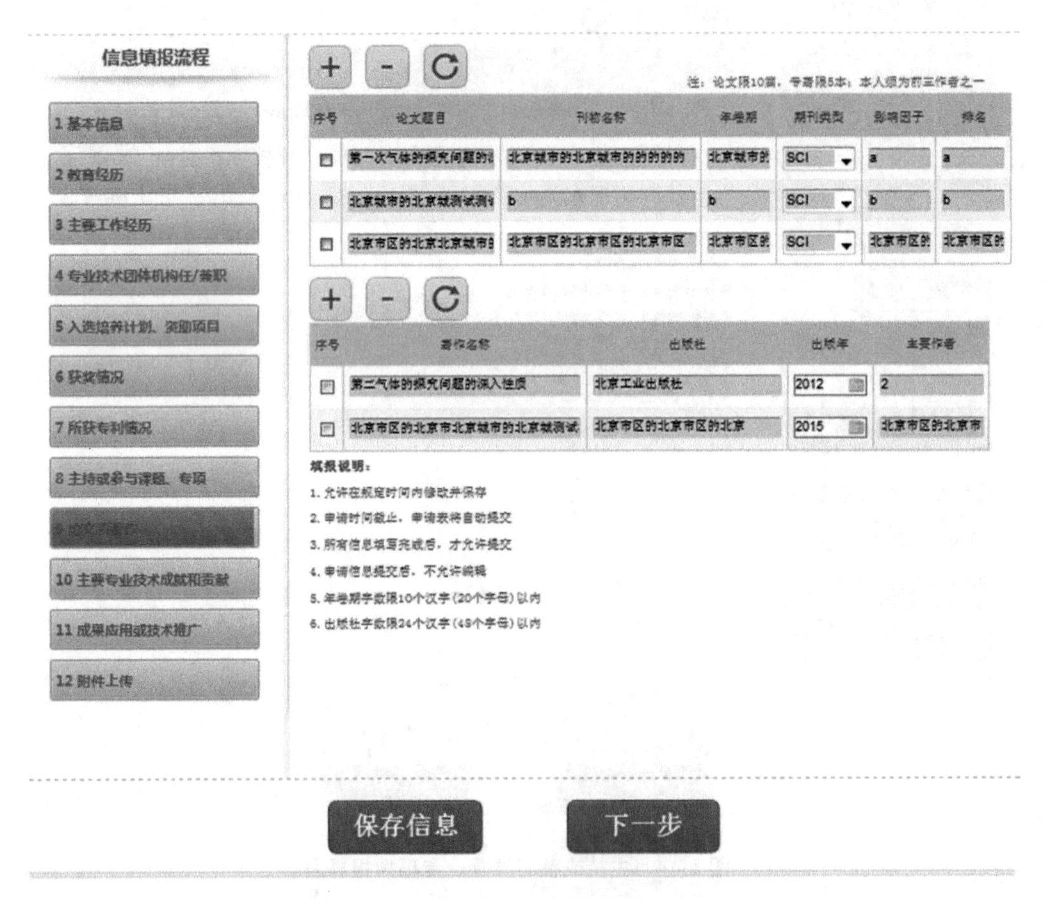

图5-45　论文和著作填报界面

（10）主要专业技术成就和贡献

点击左侧导航栏“主要专业技术成就和贡献”或点击“下一步”按钮进入“主要专业技术成就和贡献”信息页，填写本人突出的专业技术成就和贡献，不超 2 000 字，如图 5-46 所示。

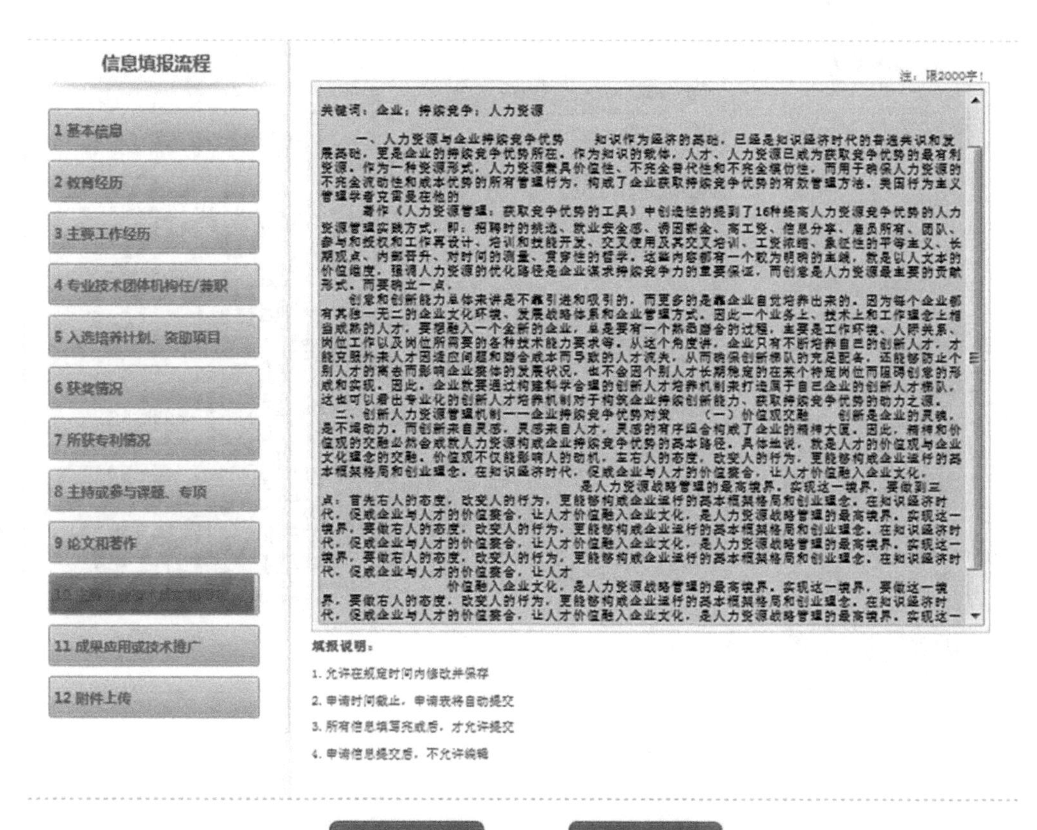

图 5-46　主要专业技术成就和贡献填报界面

（11）成果应用或技术推广

点击左侧导航栏“成果应用或技术推广”或点击“下一步”按钮进入“成果应用或技术推广”信息页，填写本文重大成果的应用或技术推广情况，不超 2 000 字，如图 5-47 所示。

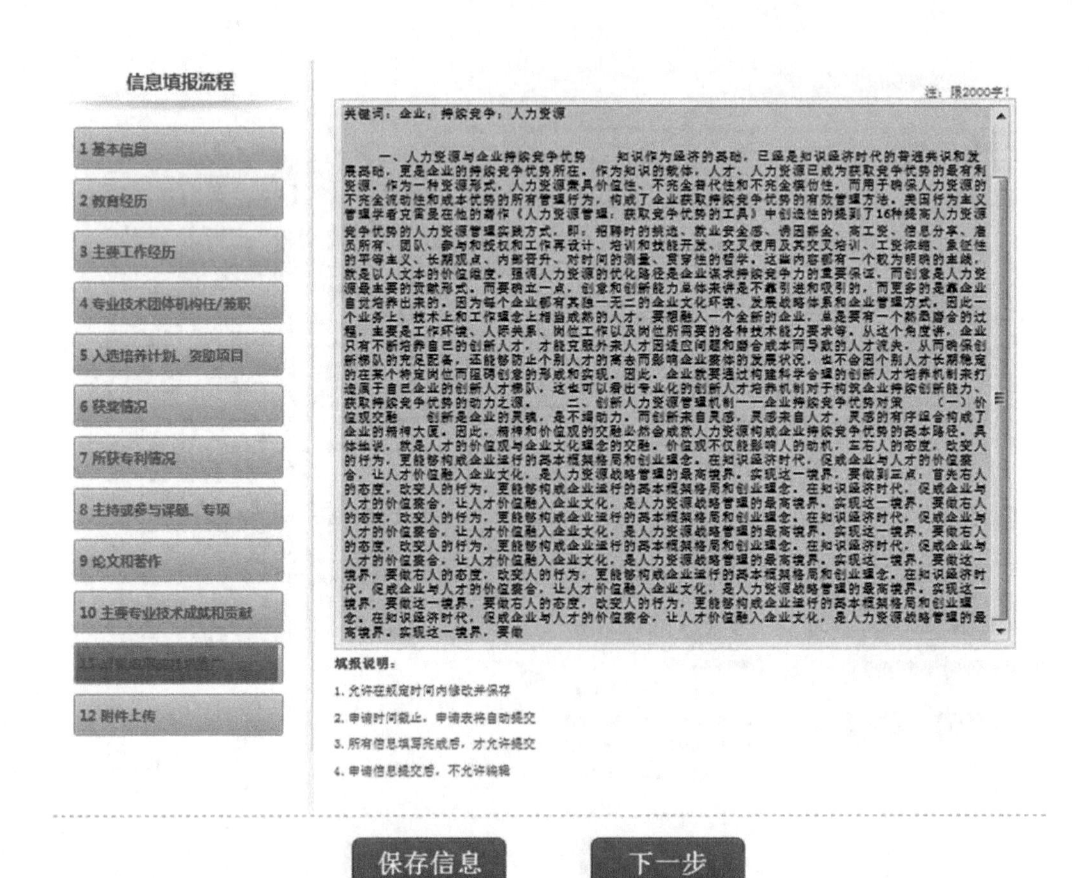

图 5-47 成果应用或技术推广填报界面

（12）附件上传

点击左侧导航栏“附件上传”或点击“下一步”按钮进入“附件上传”信息页，上传相关的佐证材料，如获奖证书、论文等，如图 5-48 所示。

图 5-48　附件上传界面

申请人可通过点击“添加”按钮进行附件上传操作；通过复选框进行目标信息的选中操作；通过全选按钮进行全部信息选中/取消选中；通过删除按钮进行选中信息的删除操作；通过翻页按钮进行多页信息浏览操作；通过点击“申请提交”按钮进行提交操作；通过点击“生成 PDF”按钮进行 pdf 文档生成操作。

第 6 章　我国生态环保人才中长期发展战略[①]

全面实施中央人才强国战略和《国家中长期人才发展规划纲要（2010—2020 年）》，牢固树立“人才资源是第一资源”的观念，立足生态环境建设和保护的战略要求，以建设一支数量充足、素质优良、结构优化、布局合理的生态环保人才队伍为目标，以党政人才、专业技术人才和生态环保产业人才为主体，以高层次创新型人才、急需紧缺专业人才和基层实用人才为重点，加大体制机制和政策创新，统筹推进各类生态环保人才队伍建设，为生态环保事业的发展提供强有力的人力资源保障。

6.1　基本原则

（1）优化发展，整体开发。把优化经济社会发展、服务生态文明建设作为生态环保人才工作的根本出发点，在扩大人才总量、提高人才素质的基础上，进一步调整优化人才结构，解决关键瓶颈问题，确保人才总量、结构和素质与生态环保事业的发展相适应。加强人才培养，注重生态环保知识更新和理想、信念、道德教育，促进生态环保人才的全面发展。

（2）高端引领，协调推进。充分认识高层次人才在生态环保事业中的引领作用，以高层次专业技术人才、急需紧缺专业人才、跨学科复合型人才为重点，加强对领军人才的引进和培养。加强对生态环保人才队伍建设的宏观管理、综合协调、分类指导、分级实施，统筹开发各类生态环保人才资源，实现各类人才队伍协调发展。

（3）以用为本，创新机制。转变用人方式，充分发挥各类人才在生态环保工作中的重要作用，尊重劳动、尊重知识、尊重创造，使各类人才的知识智慧竞相迸发。本着改革创新的精神，遵循市场经济规律和人才发展规律，全面推进生态环保人才工作体制机制的创新，努力为各类生态环保人才健康成长和发挥作用营造良好的环境。

① 该章内容主要来源于 2010 年环境保护部关于生态环保人才战略研究成果。

6.2　发展目标

（1）总体目标

建设一支数量充足、素质优良、结构优化、布局合理的生态环保人才队伍，使人才队伍总体建设与生态环保事业发展的总体要求相一致；培养和选拔一批优秀的党政人才、专业技术人才和生态环保产业人才，使高层次人才发展与缓解生态环境严峻形势的迫切需要相适应；建立并完善人才工作体制机制，使之与生态环保人才队伍建设进程相协调；努力形成尊重知识、尊重人才、鼓励创新和终身教育的良好人才发展氛围，使之与生态环保人才成长的主观能动性相统一。

（2）具体目标

——人才队伍规模不断壮大。生态环保人才队伍总量不断增长，专业技术人才总量和占比逐步提升。

——人才队伍素质大幅度提升。硕士及以上学历人才数占整个生态环保人才总量的比例提高，拥有中、高级职称人才数占专业技术人才总量的比例提高，继续教育培训体系建立。

——人才队伍结构进一步优化。生态环保人才队伍的专业分布、区域分布和部门分布逐步实现优化与合理化。西部地区、县乡基层生态环保人才队伍数量增加的速度高于总体水平。重点业务领域、急需紧缺专业的生态环保人才队伍建设得到显著加强。

——人才发展环境进一步改善。生态环保人才发展的体制机制创新取得突破性进展，人才发展的资金投入大幅度增加，人才发展的基础支撑能力不断提升。

6.3　总体部署与战略框架

根据各类生态环保人才的性质、管理特点和战略目标要求，我国生态环保人才队伍发展的总体部署为：①以“三大人才体系建设”为主线，加强党政人才、专业技术人才和生态环保产业人才队伍建设；②以解决人才发展的“五个关键环节”为核心，不断扩大人才队伍的数量，优化调整人才队伍结构，加强高端人才开发培养，实施人才体制机制创新，提升人才发展的基础保障能力，使未来一段时期我国生态环保人才队伍建设出现全面推进、重点突破的局面。

立足新时期生态环保形势的发展，树立“人才资本是第一资本”的观念，坚持党管人才、统筹协调，全面推进、突出重点，提高素质、优化结构，以人为本、完善机制等原则，构建生态环保人才队伍建设战略的基本框架，规划生态环保人才队伍建设的重点任务和工程。开展宏观规划、制度管理、统筹协调研究，实施人才资源调控战略；实施“三高一化”工程，加强高层次人才队伍建设，加强重点领域人才队伍建设；加大人才资源培养战略实施力度，加强生态环保人才教育、培训和实践；满足生态环保事业发展的需要，从观念、体制、服务方面创新人才工作机制，营造有利于人才发展的环境；实施人才国际化战略，更新观念，创造良好的国际化的生态保护人才环境，进行人才培养方式创新。我国生态环保人才培养战略框架如图 6-1 所示。

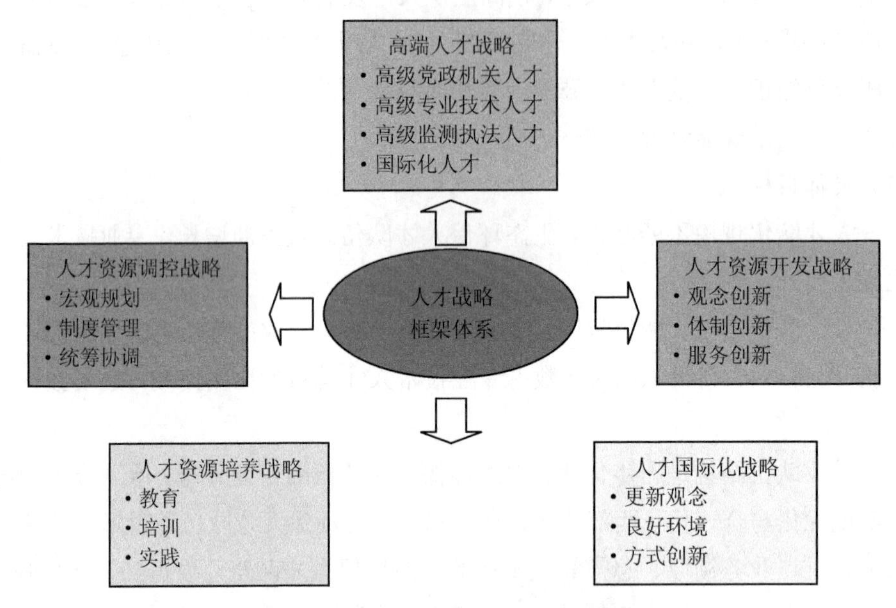

图 6-1　我国生态环保人才培养战略框架

6.4　主要任务

从生态环保人才的分类体系出发，以高端人才为引领，统筹推进生态环保党政人才、专业技术人才和产业人才队伍建设，并重点突出生态环保急需紧缺专业人才和中西部、基层生态环保人才队伍建设。

（1）党政人才队伍建设

1）党政机关管理人才

发展目标：以政治理论、管理知识和执政能力建设为核心，通过教育培训、选拔任用、实践交流等措施，逐步在各部门、各级党政机关培养造就一批思想政治素质高、依法行政能力强、业务知识丰富、善于推动科学发展的生态环保党政管理人才队伍，根据生态环保工作发展的需要，稳步增加生态环保党政管理人才数量。

主要措施：①开展大规模干部教育培训。按照中央干部教育培训工作和规划的要求，加强对党政人才的政治理论、法律法规知识、业务知识的系统培训，加强行政管理人员的知识更新。坚持分级分类，抓好国家、省级、地市级、区县级等不同层次生态环保干部的教育培训，特别是抓好基层干部的培训；干部教育培训要以坚定理想信念、加强党性修养、树立优良作风、增强履职本领、提高科学发展能力为目标，制定中长期规划和年度计划，采取脱产培训、在职学习、远程教育等方式，开展组织调训、自主选学、学历（学位）教育等多种类型的教育培训。②着力调整优化党政干部结构。根据生态环保干部队伍现状，健全选拔任用机制，坚持和完善从基层一线选拔干部制度，加大竞争性选拔干部工作力度；健全促进科学发展的党政领导班子和领导干部考核评价机制；健全管理监督机制，坚持和完善党政领导干部职务任期制和交流轮岗制度；实行干部工作信息公开制度；加强对长期制约干部人事工作发展的重点难点问题的探索研究。

2）监察执法人才

发展目标：按照建立完备的生态环境执法监督体系的要求，加强生态环境监察执法和守法保障人才队伍建设，构建一支“数量与任务匹配、政治素质好、业务水平高、奉献精神强”的生态环境监察执法队伍。

主要措施：①科学合理配置监察执法人才。根据各地经济总量、任务量大小、辖区面积和人口数量等，按照监察执法标准规范，科学合理地确定各级、各类生态环境监察执法人才队伍数量，优化人才队伍结构。②依照公务员法严格管理执法人才。对生态环境监察执法人才实行公开选拔录用制度，探索考试和录用新机制。③坚持持证上岗制度。进一步加强监察执法岗位培训工作，提高培训质量，规范各级生态环境监察执法人员岗位培训工作。④加强人才培养和继续教育。重点加大有关法律法规、制度政策、环境标准、执法程序、企业现场执法指南等方面的岗位培训力度，提高监察执法人员的业务水平。⑤积极探索企业环境监督员制度，延伸监察体系。在县级以上重点控制的污染源企业、排放有毒有害物质的企业和部分重污染行业中设立企业环境监督员，实行资质管理，并加强继续教育。

（2）专业技术人才队伍建设

1）科研人才队伍建设

发展目标：实施生态环境科研领军人才计划，加大生态环境科研人才平台建设，建立和完善选拔培养高层次生态环境科研人才的制度体系，努力造就一支数量充足、结构合理、适应国家生态环保发展需要的高素质创新型科研人才队伍。

主要措施：

①重点培养造就生态环境科研领军人才。一是充分利用国家高层次人才选拔培养工程和计划平台，培养生态环保科研领军人才。积极参与国家“创新人才推进计划”“青

年英才开发计划”“新世纪百千万人才工程”“长江学者奖励计划”“杰出青年基金计划”等，结合生态环保领域特点和需求，培养造就一批两院院士，对国家有突出贡献的中青年科学、技术和管理专家。二是依托自然资源、生态环境、住房城乡建设、水利、农业农村、林业、气象等部门的高层次人才计划，培养生态环境杰出人才。三是依托重大科技项目、重点学科建设，通过国内培养与国际交流合作等方式，造就高层次创新型科研团队。四是充分用好国家的各项引智工程和优惠政策，制定支持海外留学归国人员创业的相关配套政策，积极引进和培养高层次紧缺专业科研人才。

②多渠道培养中青年科研人才。一是加强生态环境学科发展战略性、前瞻性研究，对青年科技工作研究方向进行指导。二是各科研单位要为青年学科带头人申请科技重大项目创造条件，鼓励青年学科带头人、科技骨干参与和承担重点科研项目，鼓励和指导青年科技工作者自主开展创新研究。重大科研项目和环保行业性公益项目要为青年环境科研人才提供切入点和方式，促进青年高级专家的成长。三是各科研院所要以院长基金为种子基金，设置青年科技创新项目，鼓励支持青年科研工作者自主申报科研课题，开展创新研究。四是加强国际合作，扩大国外培养青年科研人才的渠道。

③重视培养宏观决策咨询科研人才。适应生态环境部门职能转变和参与宏观决策的需要，充分认识环境规划、法规、政策、标准、环评等宏观决策咨询科研人才对支撑生态环保工作发展全局的引领作用，整合力量、集中资源，加快引进和培养既熟悉生态环境科学和工程技术知识，又熟悉宏观经济运行的复合型人才，努力提高生态环保人才参与决策的水平。

④大力加强科研人才平台建设。一是建立全国生态环境保护科研院所的合作大平台，产学研相结合。二是大力推进博士后工作站建设，加快博士后科研成果转化，采取多种形式，多渠道培养博士后。三是积极推进落实国家环境保护重点实验室、环境工程技术中心和科研基地的规划建设，依托这些平台，结合重点科研项目、重大课题，有计划、有目的地对环境科研人才进行培养。四是鼓励科研院所与海外科研院校合作开发、建设生态环保联合实验室或研究开发中心，建立中长期国际合作和培训机制，在双边、多边环保与科技合作协议框架下，实施人才发展国际合作项目。

2）监测人才队伍建设

发展目标：按照建立先进的生态环境监测预警体系的要求，培养一支数量充足、业务精通、结构合理的生态环境监测人才队伍。

主要措施：①优化生态环境监测人才体系。加强监测人才队伍建设，科学合理地增加各级、各类生态环境监测站的人员规模，调整人员结构。根据各地生态环境复杂程度、任务量大小、国土面积和人口数量等，按照生态环境监测站标准，优化配置生态环境监测技术人才。②培养生态环境监测领域的高级人才和技术骨干。统筹规划并形成持续的监测人员培训制度，大力实施高层次生态环境监测人才工程，加快培养造就一批覆盖各监测领域、与国际水平接轨的尖端人才、国内一流的生态环境监测专家、监测系统知名的技术骨干。③完善生态环境监测人员持证上岗制度。建立生态环境监测人员资格认定及持证上岗制度，完善生态环境监测人才评价体系，促进生态环境监测人才队伍建设的制度化和科学化。

3）信息与宣教人才队伍建设

加强生态环境信息中心建设，加快生态环保数字化建设进程，通过强化政府管理信息化建设工作带动生态环境信息管理人才的培养。按照市场化原则，加强生态环境宣教资源的优化配置，积极依托科研院校的教育资源，建设生态环境宣传文化人才培养基地。

（3）产业与工程技术人才队伍建设

1）生态环保产业经营管理和技能人才队伍建设

发展目标：大力推进环保企业经营管理人才和技能人才队伍建设，造就一支数量充足、技艺精湛、结构合理、爱岗敬业，适应生态环保产业发展要求的高技能人才队伍。

主要措施：①加强环保企业经营管理人才建设。按照做大做强生态环保产业、提高环保企业现代经营管理水平和国际竞争力为核心，制定实施“环保企业经营管理人才培养计划”，依托国内外知名企业、高等院校和培训机构，加大环保企业经营管理人才的知识更新和国际化培训力度。②加强环保高技能人才队伍建设。制定实施“生态环保产业高技能人才振兴计划”，完善以企业为主体、职业院校为基础、学校教育与企业培养紧密联系、政府推动和社会支持相互结合的生态环保产业高技能人才培养培训体系，推进高技能人才培养。

2）工程技术人才队伍建设

发展目标：努力建设一支专业配套、结构合理，以工程设计为主导，具备从事工程施工、监理、设施运行、技术咨询等综合型、创新型和国际化的生态环境工程技术人才队伍。

主要措施：①加强创新型工程技术人才队伍建设。针对国家重点生态环境建设工程和生态环境工程的共性与关键技术，加强相关学科硕士、博士等高级专门人才的培养。以国家重点生态环保工程技术中心为依托，加快工程技术创新团队建设。实施高层次人才引进计划，积极吸引国内外生态环保工程技术领域的知名设计专家。②加强环保工程师队伍建设，培养国际化环境工程技术人才。加快实施注册环保工程师、注册公用设备工程师等专业的注册、执业管理，建立注册执业人员继续教育制度。加快培养既熟悉生态环境工程技术知识，又掌握国际环境法规、标准和技术规范，能承担境外生态环境工程设计和建设任务的国际化环保工程技术人才。③加强生态环境工程技术人才平台建设。积极鼓励和引导龙头骨干企业创建国家级和省级生态环境工程技术中心；鼓励以企业为主，联合科研机构、高等院校等单位，建设国家及省级生态环境工程技术中心；推进企业博士后工作站建设，加快技术成果转化，逐步建立以企业为主体，产、学、研紧密结合的生态环境工程技术创新体系。

（4）急需紧缺专业人才队伍建设

发展目标：实施生态环境急需紧缺专业人才培养计划，围绕生态环境重点急需专业发展趋势，提高对社会需求的反应能力，集中资源，加强紧缺人才需求预测，调整优化高等学校学科专业设置，发布重点急需紧缺人才目录，加大人才引进力度，完善重点领域人才分配激励办法等措施，通过项目带动、联合培养、出国培训、建立培养基地等新型模式，大力引进和培养未来生态环保急需紧缺专业人才。

主要措施：未来5～10年，重点加强对核与辐射安全监管、新型污染物防治、饮用水水源地环境保护、地下水污染防治、矿山地质环境恢复整治、水土保持、水资源保护、土壤污染防治、农业资源环境保护、渔业生态环境保护、草原生态建设与保护、垃圾处理与资源化、污水处理与再生利用、村镇人居生态环境保护、森林生态系统建设与保护、荒漠化防治、湿地保护、生物多样性保护、环境与健康（损害评估）、应对气候变化、生态环境监测预警、环境经济综合分析等22个急需紧缺专业人才队伍的引进和培养开发，以满足生态环保工作对紧缺专业人才的需求。

针对目前核电专业设置较少、人才培养主要集中在少数高校的情况，应加大核与辐射安全监管人才的培养力度，通过增加高校的专业设置，与高校建立联合培养模式，扩大核与辐射安全人才队伍的供给规模。不断健全注册核安全工程师执业资格制度，提高核安全专业技术人员素质，规范核安全关键岗位准入制度。建立健全核与辐射安全人才的激励机制和保障机制，使更多人才愿意从事这项国家重点事业。

（5）中西部和基层人才队伍建设

发展目标：针对我国中西部地区、县以下基层单位生态环保人才奇缺和人才队伍专业素质不高的问题，切实采取措施，加强这些薄弱地区的生态环保人才队伍建设。未来5～10年，中西部地区、县乡基层从事生态环保工作的人才队伍数量增长速度应高于全国平均水平，人才素质明显提高。

主要措施：①稳步扩大基层人才规模。通过增加人员数量，增强派出机构监管力量，实行中央、东部技术人员援助，建立环保监督员制度等多种形式，解决长期以来中西部地区、县以下基层生态环保人才数量不足的问题。②切实提高基层人才素质。加强基层生态环保人才培训，建立健全基层实用技术人才培训体系，加大对西部地区、县镇、农村等的生态环保干部培训的倾斜力度，不断拓宽培训领域，深化培训内容。加强基层科研人才培养，对基层科研人才不断进行知识更新，实施学历提升计划，提升基层科研队伍素质。③积极推进基层人才规范化建设。加强资格管理，严格实行环境监察执法人员和环境监测人员持证上岗制度。尽快制定出台“地方生态环保人才队伍建设的指导意见”，指导和推动地方，特别是中西部地区、县、乡镇生态环保人才规范化建设。④进一步完善有关政策措施。积极协调有关部门，出台相关政策，完善基层生态环保组织体系，保障基层生态环保人才经费投入，稳定中西部地区和少数民族地区生态环保人才队伍。实施“中西部地区和少数民族地区生态环保人才支持计划”，建立特聘生态环保科技专家制度和农村、企业生态环保监督员制度，吸引优秀生态环境管理与专业技术人才到中西部地区工作。

6.5 保障措施

为实现生态环保人才规划的各项目标，落实主要任务和重点工程计划，增强规划的可实施性，必须在组织实施、体制机制、资金投入、基础能力建设等方面给予切实保障。

（1）加强组织实施

1）加强组织领导，明确落实责任。成立生态环境保护人才队伍工作领导协调小组，加强对规划实施的组织领导。根据规划，制定详细任务分解方案，明确责任主体，狠抓落实，做到组织落实、任务落实、人员落实、经费落实。对于党政人才和专业技术人才队伍的规划任务和重点工程，应以政府部门为主实施，对于生态环保产业人才队伍的规划任务和重点工程，应以企业为主实施，政府部门要予以指导。

2）完善任务计划，制定配套措施。根据规划提出的战略目标、主要任务和工程项目，从解决当前最紧迫、最突出的重大问题入手，分阶段提出专项任务计划和重大工程实施计划。各单位要结合各自职能，强化规划实施的责任意识，依据规划要求，制定规划实施配套措施，在政策实施、项目安排、资金保障、体制创新等方面给予积极支持，以切实落实生态环保人才队伍建设的各项任务、工程和措施。

3）强化监督检查，实施目标考核。建立和实行规划实施的目标责任制，并将其作为考核相关领导干部政绩的重要内容。加强对规划实施情况的跟踪检查，完善规划实施监督机制，做好各项工作，包括政策措施落实的督促工作。建立激励制度，对在规划项目实施中做出突出贡献的单位和个人给予表彰。

4）开展跟踪评估，进行动态调整。研究制定生态环保人才规划实施的评估方法，建立健全规划实施定期通报和评估制度，重点抓好年度评估和中期评估，研究分析实施过程中出现的新情况、新问题。对规划实施过程中出现的重大问题，及时向生态环境保护人才队伍工作领导协调小组报告，并对规划进行必要的修编和调整。

（2）加强机制创新

1）人才引进机制。创新和完善生态环保高层次人才引进机制和政策。一是要更新观念，坚持“引进来，走出去”，既要引进海外人才，也要通过相关教育、培训和锻炼机会，培养和造就国际化人才。二是要创新引进方式，采用支持国内科研单位与国际高水平研究机构和院校之间开展环境合作，采用项目带动等多种方式，培养高水平复合型的国际化人才。三是要健全激励机制，鼓励以技术转让、技术入股、聘用兼职、考察讲学、担任顾问等多种途径引进海外高层次人才。

2）教育培训机制。一是构建符合行业特点的终身教育体系。把各类培训与普通高等教育、职业教育、成人教育等多种形式结合起来，鼓励和支持干部职工通过多渠道、多形式参加培训学习，建立和完善终身学习制度。二是完善干部人才教育培训制度。建立和完善党政领导干部脱产培训制度和任职培训制度，完善公务员初任培训、任职培训、专门业务培训和更新知识培训制度，完善专业技术人员继续教育制度。三是加强人才培训实施体系建设。加强对院校生态环保人才培养工作的指导，健全生态环保学科体系；加强培训教材和师资队伍建设；推广现代培训理论和培训方法；完善教育培训机制，建立干部教育培训与干部培养、选拔、使用和专业技术职务评聘相结合的制度。

3）选人用人机制。一是进一步深化干部选拔任用制度改革。完善党政领导干部公开选拔、竞争上岗制度；探索公推公选等选拔方式，规范干部选拔任用提名制度，完善党政干部职务任期制；健全公务员退出机制，建立聘任公务员管理制度。二是进一步推进事业单位人员聘用制度改革。分类推进事业单位用人制度改革；全面推行事业单位公开招聘、竞聘上岗和合同管理制度；把人员聘用制度改革与干部任用制度改革、专业技术职务聘用制度改革以及收入分配制度改革等有机结合起来。三是深化高层次人才选拔制度改革。建立生态环保高层次人才库和高层次人才培养后备计划；试行关键岗位和重大项目负责人公开招聘制度；探索建立首席科学家、首席专家、首席研究员等高端人才选拔使用制度。

4）考核评价机制。一是建立健全人才评价制度。建立和完善以业绩为核心，由品德、知识、能力等要素构成的生态环保人才评价指标体系；积极采用各种现代人才测评技术，创新评价方法，努力提高人才评价的科学性。二是建立科学的干部绩效考评制度。研究制定符合科学发展观要求、以通过民意调查获取的群众满意度作为重要依据的党政领导干部政绩考核评价标准和科学的公务员绩效考核办法，提高干部考核考察工作的科学性。三是进一步深化专业技术人员职称制度改革。研究制定考评结合的职称评审办法，全面推行生态环保专业技术职业资格制度，规范职位分类与职业标准。

5）分配激励机制。一是完善人才奖励制度。建立以政府奖励为导向、用人单位奖励为主体、社会力量奖励为补充的多元化的生态环保人才奖励制度；设立海外留学人员回国工作或为国服务成就奖，农村、基层或中西部地区生态环保人才贡献奖等。二是完善人才收入分配制度。逐步建立重公平、重实绩、重贡献，向优秀人才、关键岗位和基层人才倾斜的分配激励机制；建立和完善生态环保从业人员的边远地区和艰苦岗位津贴制度；探索高层次人才、高技能人才年薪制、协议工资制和项目工资制等多种分配形式。三是完善人才卫生保健制度。建立定期体检和疗养、休养制度，加强基层、边远地区、少数民族地区从事生态环保工作，尤其是从事核与辐射安全一线工作的人员的安全保障条件建设。

6）流动配置机制。一是实施人才资源配置战略。充分发挥市场基础调节作用，加强政府对生态环保人才的宏观规划、制度管理、统筹协调，促进生态环保人才的合理流动和优化配置。二是完善人才市场服务体系。充分发挥人才市场、社会中介机构在人才资源配置和开发方面的积极作用，积极开展针对生态环保特点的人才测评、择业指导、职业生涯设计等工作。引导各类创新型生态环保人才、高级专业技术人才、高级管理人才、实用型人才向重点专业、技术领域以及重点项目集聚。

（3）加大资金投入

1）建立生态环保人才发展专项资金。为落实生态环保人才规划的各项任务和工程项目，建立专门的人才发展专项资金，用于培养和引进高层次专业技术人才、急需紧缺专业人才和奖励有突出贡献的优秀人才。

2）加大生态环保人才开发的投入力度。将生态环保人才的培训和基础能力建设经费列入财政预算，予以重点保证，并逐年提高。在重大建设和科研项目经费中要安排一定比例的资金用于人才开发和高层次人才的培养。积极拓宽生态环保人才投入渠道，加强对人才投入资金使用的监督管理，切实提高人才投入效益。

（4）强化基础建设

1）完善生态环保人才统计制度。建立和完善生态环保人才资源统计指标体系。建立生态环保人才专项年度调查制度和统计分析制度。

2）搭建生态环保人才数字化平台。建设全国生态环保人才信息网络平台，建立生态环保人才信息采集体系，定期发布供求信息、政策信息、培训信息以及其他信息。建立不同层次、不同类型的生态环保人才资源数据库，特别是高层次专业技术人才专家库。加强生态环保人才市场服务体系建设。

3）加强生态环保人才资源应用开发研究。加强生态环保人才队伍现状调查和需求预测，评估生态环保人才发展对经济社会可持续发展及生态环保的贡献，研究生态环保人才管理体制机制创新等带有全局性、战略性的重大问题，力争产生一批具有理论创新价值和实践指导意义的优秀成果。

4）建立生态环保人才发展规划实施评价机制。分阶段对人才发展规划实施进行跟踪、评价和反馈，并根据实施情况进行调整。

第7章 结论与建议

7.1 主要结论

当前我国严峻而复杂的生态环境形势对生态环保人才队伍建设提出了更高要求。本书对2010年、2017年全国生态环保人才统计调查数据与社会经济等数据的关系做了深入挖掘分析：一是识别了全国生态环保人才总量、结构、素质基本情况，二是分析了全国生态环保人才的时间、空间变化特征，三是分析了生态环保人才与污染源负荷、经济社会热点分布、污染减排幅度和环境质量改善的相互关系，在此基础上，提出了未来加强生态环保人才队伍建设的对策建议。

（1）基本面分析表明，“十二五”期间，我国生态环保人才队伍稳步发展，结构不断优化，但与当前生态环境形势和任务相比，人才总量与人才素质均存差距

到2017年，全国生态环境系统人才为23.60万人，比2010年增长31.56%。生态环境监测人才数增速较快，增长36.91%。2017年，全国具有研究生以上学历的生态环保人才数占比为10.24%，具有中、高级职称的生态环保专业技术人才数占比为7.31%。虽然，生态环保人才总量发展较快，人才队伍素质有所提升，但与新时期我国生态环保工作任务的艰巨性、形势的复杂性相比，差距还较大，无论是国家层面，还是省市层面，特别是县区基层，生态环保人才队伍在总量和专业水平上依然难以满足经济与环境协调发展的需要。

（2）时空演化分析表明，我国生态环保人才发展的地区差异明显，东部好于西部，南部好于北部，经济发达地区对青年高素质生态环保人才吸引力大，冀豫晋和东北地区是高素质人才洼地

从各区域分布来看，东部地区生态环保人才总量最多，2017年占全国的比例为38.08%，且占比还在不断增大。从各流域分布来看，南方各流域生态环保人才数量较多，占比高。从各省人才增幅来看，新疆、山西、陕西、黑龙江、辽宁等省份生态环保人才数增长速度较慢，新疆近年来总量呈现负增长。从各城市分布来看，经济发达城市、省会城市生态环保人才数量远高于不发达城市，新疆、青海等西部省份的部分地州生态环

保人才总量少且呈现负增长。

东部沿海地区高学历生态环保人才总量明显多于中部和西部地区；从高学历生态环保人才占生态环保人才总量的比例看，从辽宁到广东的东部沿海地区比例较高，北京、天津、江苏、山东、上海、广东的高学历生态环保人才数占比上升，特别北京增幅较大，河南、河北、山西、黑龙江、吉林等的高学历生态环保人才数占比近年来几乎零增长。

（3）与经济社会相关性分析表明，我国生态环保人才队伍工作任务负荷量大，与经济人口热点、总量减排、质量改善的相关性明显

我国生态环保人才的任务负荷量大，单位人口和国土面积对应的生态环保人才数量较少，人均承担的重点污染源数量多。2010 年我国生态环境系统每万人口中的生态环保人才为 1.34 人，单位国土面积的生态环保人才为 186.17 人/万 km^2（其中，单位国土面积的环境监测人员为 35.01 人/万 km^2，环境执法人员为 62.96 人/万 km^2）。2017 年我国生态环保人才总量为 23.60 万人，每万人口中生态环保人才为 1.70 人，单位国土面积的生态环保人才为 244.92 人/万 km^2（其中环境监测人员为 72.02 人/万 km^2，环境执法人员为 63.74 人/万 km^2）。总体上看，我国生态环保人才特别是环境监测和环境执法人才覆盖度较低。

从全国各地区人均承担的工业污染源负荷看，长三角、京津冀、珠三角及周边地区任务最重，承担的工业污染源数量多，承担的环境监测、执法、监督工作量较大。随着这些地区经济的快速发展、污染特征的复杂化、环境管理工作的精细化，生态环保人才“小马拉大车”现象依然存在。

我国生态环保人才的热值区域与经济人口热值区域具有较大重叠性，东部地区是我国经济人口的高聚集热点区域，也是生态环保人才的高聚集区域。生态环保人才的增长量与主要污染物减排量呈正相关，特别是贵州、广东、湖北、四川、北京、江苏、浙江等省份生态环保人才数增速较快，主要污染物减排效果也较好。生态环保人才数的增速与环境质量改善的效果也呈一定的正相关，河北南部、山西东部、山东南部以及浙江西北部等区域生态环保人才数增速较大，其空气质量改善幅度较大；华南等地的重点城市及成都、重庆的生态环保人才数增速较快，空气质量改善幅度也较大。北京、石家庄、西安、晋城等生态环保人才数增幅一般，但是空气质量改善不突出。

7.2 政策建议

当前及今后一段时期内，针对生态环保事业面临的新形势和生态环保人才队伍存在的突出问题，要以服务于打好污染防治攻坚战、推进美丽中国建设为目标，以提升人才质量为核心、以解决突出问题为导向、以深化改革创新为动力，加大政策支持力度，建

设一支政治强、本领高、作风硬、敢担当，特别能吃苦、特别能战斗、特别能奉献的生态环保铁军，使得人才数量基本满足发展需求，结构进一步优化，能力素质明显提升，引入、评价、使用、激励等体制机制取得突破，职业发展空间不断拓展，发展环境不断改善。

（1）加强思想政治建设

始终把思想政治建设摆在首要位置，持续抓好中国特色社会主义理论体系，特别是习近平总书记系列重要讲话和全国生态环境保护大会精神，深入落实习近平生态文明思想，引导全国生态环境系统人才牢固树立政治意识、大局意识、核心意识、看齐意识，进一步坚定道路自信、理论自信、制度自信、文化自信，模范践行社会主义核心价值观。加强党史国史、革命传统和形势政策教育，把党中央重大决策部署、党的理论作为教育培训的重要内容。加强对生态环保重大改革政策的解疑释惑、宣传解读，发挥好思想政治工作的引领和保障作用。运用互联网思维和新媒体，打造思想政治工作新载体，提高思想政治工作现代化水平。

不断加强纪律作风建设。切实落实主体责任和监督责任，坚持把纪律挺在前面，加强纪律规矩经常性教育，健全廉政谈话、廉政党课制度，认真落实提醒、函询和诫勉谈话制度，对违纪问题早发现、早纠正，坚决落实中央八项规定精神，大力加强警示教育。建立作风状况经常性分析研判机制，针对作风建设突出问题，及时进行整治，形成正风肃纪长效机制，分业务领域制定权力清单、责任清单，明确职责权限，构建权责明晰的责任体系。完善责任追究制度，探索建立生态环保工作人员“尽职免责”制度。

（2）稳步增加生态环保人才队伍数量，优化人才结构

保持全国生态环境系统人才队伍数量稳步增加，特别是增加环境监测、环境监察执法、生态建设与保护人才队伍的数量和覆盖面，增加县乡基层和少数民族、艰苦边远地区专业技术生态环保人才数量。加强县区、乡镇村所基层生态环境部门机构建设，健全专职宣教、信息、危管、核与辐射安全监管机构，引进专业人才，提高宣教、监测、执法人员数量，建立与生态环保“新使命、新任务”相适应的基层生态环保人才队伍。

重视青年高级生态环保人才队伍开发培养，加强少数民族地区以及区县、乡镇和农村等基层生态环保人才队伍培养，鼓励高学历、高职称生态环保人才在中部和西部地区就业。鼓励青年人才担任重要工作任务、坚守重要工作岗位。提高青年人才队伍的职称层次。鼓励少数民族人才干部的培养，特别是民族自治地区，应鼓励更多少数民族人才投身到生态环保事业中。建立健全与岗位职责、工作业绩、实际贡献等紧密联系，充分体现人才价值、激发人才活力、鼓励创新创造的分配激励机制。

（3）加强领导班子和领导干部队伍建设

选优配强生态环保领导班子。坚持党管干部原则，认真贯彻落实《党政领导干部选

拔任用工作条例》，始终坚持好干部选拔任用标准，始终坚持正确用人导向，不断完善选拔任用工作机制。优化各级领导班子专业知识、年龄、经历结构，不断提高班子的整体效能和专业化水平。完善考核评价体系，建立符合生态环保职业特点的考核评价办法，以不同层级、不同领域的核心业绩要求为导向，建立绩效考核评价办法，并将其作为干部选拔任用奖惩的重要依据。认真开展平时考核工作。建议全国各级生态环境部门出台本地区的生态环保干部绩效考核评价制度，进一步探索事业单位技术支持考核评价制度。

全方位加强干部培养锻炼。建立健全干部交流机制，认真落实执法监督、行政审批等关键岗位，人、财、物等重点岗位定期轮岗交流制度。积极搭建生态环保领导干部交流任职平台，推动干部跨单位、跨部门、跨地区交流锻炼。加强干部挂职锻炼工作，积极选派有潜力、素质好的年轻干部到基层一线经受锻炼，提高能力。推动全国生态环境系统干部到生态环境部机关及部属单位学习锻炼工作。建立后备干部队伍，改进后备干部培养工作。改进和加强对各级领导干部的教育培训，实施“一把手”培训项目，重点培训机关司处长、环境监测站站长、环境监察执法队队长、院所长，提升综合业务素质、宏观思维能力、媒体应对能力和群众工作能力。

从严监督管理生态环保领导干部。认真落实党的纪律处分条例、问责条例和监督条例，构建全面从严管理监督领导干部的制度体系。全面落实全面从严治党要求，规范党内政治生活，坚持民主集中制，严格党的组织生活制度，健全民主生活会、定期党性分析制度，开展经常性批评与自我批评。严明党的政治纪律、组织纪律，严格按照党章、党内政治生活准则和党的各项规矩办事。切实贯彻执行国家领导干部“能上能下”规定，制定生态环保领域领导干部“能上能下”的具体实施办法。落实责任，健全制度，制定防止干部带病提拔办法。严肃查处庸懒散拖、失职失责行为，加大追责力度。

（4）加强生态环保专业技术人才队伍建设

加强高层次人才培养。大力培养选拔高层次领军人才和青年拔尖人才，完善高层次人才选拔、培养、考核机制。针对生态环保重点业务领域，建设国家级和省级生态环保人才库。进一步提高用人单位在岗位设置、人才选用、绩效分配等方面的话语权，赋予科研院所科技成果使用、转化、处置和收益管理自主权，充分发挥用人主体的积极性。探索建立首席专家制度，在国家和省两级相关单位设立首席科学家、首席研究员、首席环境监测师等岗位。探索建立以价值和贡献为导向的专门人才激励机制，努力营造尊重人才、鼓励创新、宽容失败的工作氛围。积极参与人才引进项目，统筹制定高层次人才引进计划，采取直接引进、项目聘任、课题合作等方式，不拘一格汇聚战略型、创新型领军人才，加强人才国际交流与合作，完善国际组织人才培养推送机制。

加强紧缺专业人才队伍建设。结合生态环境部门机构调整，重点加强湿地保护、气候变化、新化学物质、颗粒物、挥发性有机污染物、土壤污染、农村环境保护等新型环保业务领域和紧缺专业的人才队伍建设力度，通过项目带动、联合培养、出国培训等方式，提高这些领域人才的技术水平和管理水平。研究实行以上特殊专业紧缺人才特聘制度，积极与高校和教育部门沟通，加快急需紧缺专业人才引进。建立紧缺型生态环保人才培养基地，发挥其在探索新的培养、培训模式方面的示范作用。

提升生态环保人才职业化水平。积极探索建立适应生态环保工作专业化要求的人事管理制度。按照公务员职位分类管理要求，建立符合生态环保专业特点的专业技术类和行政执法类公务员队伍。坚持教育培训与实践锻炼相结合，以增强履职能力为目标，推进分级、分类、分层培训，实行精准化、专业化、系统化培训。改革培训机构、教材师资和培训模式，遴选生态环保业务培训基地、实训基地和现场教学点，分业务领域建立生态环保培训师资库，支持开发优秀培训教材、培训案例和网络课件，逐步加大网络培训比重。广泛开展上岗培训、岗位练兵、技能比武，使生态环保人才的知识结构、专业素养与承担的职责任务相适应。全面推行青年生态环保干部业务导师制，为青年干部交任务、压担子，积极引导青年干部到条件艰苦、情况复杂、矛盾集中的岗位锻炼成长，提升业务能力和水平。

推动建立以生态环保职业需求为导向的人才培养模式。探索与高校和科研院所开展合作，定向培养生态环保人才，推进生态环保职业共同体建设。加强与教育部高等学校专业教学指导委员会、行业职业教育教学指导委员会的沟通，定期向教育部提供生态环保人才需求计划，推动扩大生态环保急需紧缺专业招生名额，促进教学大纲与环境管理需求相协调。与相关高校和科研院所建立战略合作关系，对各类在职人员进行继续教育。实施“千名大学生生态环保优才计划”，每年从国内外高校中遴选一定数量优秀的高年级本科生或者低年级硕士研究生，利用寒暑假到市县生态环境局实习锻炼，开展专题调查研究，对表现突出者在报考生态环境系统工作岗位时给予适当的政策倾斜。

大力营造人才成长的良好氛围。积极探索和推行按劳分配与按生产要素分配相结合的分配方式，研究制定知识、技术、管理等要素参与分配的制度和形式。完善事业单位现行工资总量控制办法，经费完全自理的事业单位可自主决定本单位的分配方式。鼓励专业技术人才从事科技成果转化工作，支持科技人员创办科技型企业。改革和完善专业技术职务评聘制度，突出创新意识，坚持重业绩、量能力的原则，对确有突出贡献的专业人才，特别是中、青年拔尖人才，可以破格评定相应职称。

（5）提升基层一线和艰苦边远地区人才队伍建设水平

促进人才向基层一线和艰苦边远地区流动。要突出基层导向，建立向基层一线和艰苦边远地区倾斜的政策保障体系。建立引导人才到基层一线和艰苦边远地区干事创业的激励机制，加强对基层一线和艰苦边远地区优秀人才的选拔使用，完善从基层一线选拔人才制度。改进完善艰苦边远地区和少数民族地区生态环保工作人员招录制度，会同有关部门制定优惠政策，适当放宽条件，逐步解决专业化人才不足问题。

加强基层一线和艰苦边远地区人才培养。积极落实对口援藏、援疆、援青政策，做好“西部之光”访问学者计划和新疆、西藏等地区少数民族特培计划的选派、接收、培养工作，全面组织开展对中部、西部地区生态环保技术援助工作，搭建部属单位和东部地区对中部、西部地区广泛开展技术援助交流的平台，通过专家援助、进修学习、挂职（学习）锻炼以及“一帮一、结对子”方式，为中部、西部地区培养专业技术人才。对于表现突出的援助专家、业务导师和进修人员，在职务晋升、职称评聘和评选表彰方面给予优先考虑。

提高基层一线和艰苦边远地区待遇保障水平。深入推进基层生态环保事业单位实施绩效工资制度，建立健全与岗位职责、工作业绩、实际贡献等紧密联系，充分体现人才价值、激发人才活力、鼓励创新创造的分配激励机制。对招聘高层次人才、急需紧缺人才的基层生态环保事业单位，在核定绩效工资总量时给予倾斜。落实生态环境保护监测津贴制度和艰苦边远地区津贴正常增长机制，在乡镇生态环保机构实行乡镇工作补贴。支持基层生态环保专业技术人才转化科技成果，落实成果转化收益分配有关规定。对承担西部生态环境保护重点任务、重要研究课题的专门人才实行特殊岗位津贴制度。关心爱护长期在基层一线和艰苦边远地区工作的生态环保人才，切实解决其后顾之忧。

（6）加强生态环保队伍人才规范制度建设

制定人员标准化建设核定标准，加强生态环保队伍标准化建设。根据生态环保工作任务需要，综合考虑所管辖区域国土面积、产业结构、污染源状况及环境风险等因素，科学制定不同区域、不同层级、不同业务领域的人员队伍数量、结构核定标准，积极协调编制部门，解决生态环保队伍人员编制不足的问题。

制定岗位职责和素质能力基本标准。进一步明晰各业务领域岗位职责，建立健全各层级、各领域人员岗位素质能力基本标准，作为上岗、考核、培训的重要依据。改革环境监测、环境监察执法持证上岗制度，解决持证而难以承担业务等突出问题。重点完成环境监测、环境监察执法、环境应急、环境影响评价、环境信息、核与辐射安全监管等业务领域岗位职责标准和人员素质能力基本标准要求，并逐步在各业务领域普遍设置岗位职责标准和人员素质能力基本标准要求。

制定人员准入选用标准。严把人员进口关，积极争取有关部门支持，在环境监测、环境监察执法、核与辐射安全监管等专业性强的岗位，设置必要的准入条件或上岗标准，将其作为人员选用的基本依据。出台各业务领域、各层级岗位的准入标准。建议生态环境部各业务司局负责制定本领域的全国适用标准。各省级生态环境部门可在此基础上制定适合本地实际的细化准入标准。

（7）加强人才培训，大力培育和践行生态环保职业精神

整体谋划，统筹安排培训工作，制定生态环境保护干部教育培训规划、计划和制度，为全面开展干部教育培训统筹安排。积极落实，做好生态环保大培训工作，加大对西部地区和基层生态环保干部培训支持力度。深入开展继续教育工作，组织开展学历教育和专业培训，利用国内外渠道，不断选派专业技术骨干和管理人员出国培训。推进分级、分类、分层培训，实行精准化、专业化、系统化培训，广泛开展上岗培训、岗位练兵、技能比武，提升业务能力和水平。加大对生态环保从业人员的专业培训教育力度，结合排污许可证、环境影响评价、环境损害责任追究、"水十条""土十条"、环保规划等工作，加强对相关从业人员的专题培训、岗位培训及继续教育。

坚持教育熏陶、模范引领、实践养成相结合，进一步培养生态环保职业精神，培育忠诚、奉献、为民、担当、廉洁的生态环保核心价值观。强化职业素养，加强职业操守教育，完善职业道德评价机制，探索建立人才诚信档案。完善生态环保工作荣誉制度，联合人力资源和社会保障部做好全国生态环境系统部级荣誉表彰，继续为长期从事生态环保工作人员颁发纪念章。积极发掘和宣传环保先进典型，营造理解生态环保、支持生态环保的社会氛围，增强全系统职业荣誉感和归属感。大力培养积极、健康、向上的生态环保文化，为生态环保事业发展注入精神动力。

（8）加强生态环保人才队伍建设保障力度

进一步完善全国统一的、多层次的、分类型的生态环保人才资源采集体系和数据库，定期发布《中国生态环保人才发展报告》。加强生态环保人才发展战略和人才体制机制政策创新研究，研究制定"一带一路"建设、京津冀协同发展、长江经济带建设以及国家重大项目和重大科技工程等的生态环保人才支持措施，积极推动各项生态环保人才工程的落实。加大人才开发投入力度，建立生态环保人才发展专项资金，用于培养和引进高层次专业技术人才、急需紧缺专业人才和奖励有突出贡献的优秀人才。

继续实施重大生态环保人才工程计划。一是实施干部人才培训工程，特别是实施"一把手"培训项目（重点培训机关司处长、环境监测站站长、环境监察执法队队长、院所长），建立生态环保培训师资库和优秀培训教材、培训案例、网络课件库。二是实施干部人才标准化建设工程，制定不同业务领域人员标准化建设核定标准（优先制定环境监测、环境监察执法、环境应急、环境影响评价、环境信息、核与辐射安全监管等主要业务领域岗位职责标准和人员素质能力基本标准要求）；制定不同业务领域人才准入条件或上岗标准（优先制定环境监测、环境监察执法、核与辐射安全监管等专业性强的岗位准入条件或上岗标准）。三是实施高层次人才培养计划工程，完善高层次人才、急需紧缺人才、艰苦边远和基层生态环保人才激励机制；建设生态环保人才库和首席专家制度；继续落实对口援藏、援疆、援青政策，做好"西部之光"访问学者计划；实施"千

名大学生生态环保优才计划”等。四是实施重点领域人才建设工程，包括生态监察执法人才、生态环境监测人才、核与辐射安全监管等人才工程。五是实施人才信息化能力建设工程，加强人才统计调查、信息化建设和大数据分析。

参考文献

[1] 本刊编辑部. 加强全国环境保护系统人才队伍建设[J]. 中国环保产业，2003（7）：3.

[2] 国务院. 国家中长期人才发展规划纲要（2010—2020 年）[R]. 2010.

[3] 环境保护部，等. 生态环境保护人才发展中长期规划（2010—2020 年）[R]. 2010.

[4] 蒋洪强，卢亚灵，杨勇. 新形势下生态环保人才队伍建设路径探讨[J]. 环境保护，2014，42（11）：43-46.

[5] 蒋洪强，卢亚灵，杨勇. 我国环保人才队伍状况分析[J]. 中国人才，2014（4）：27-29.

[6] 金锋，魏兆仁，孙平. 环境保护创新人才培养机制的几点思考[J]. 黑龙江环境通报，2010（3）：13-15.

[7] 李红梅. 高校环保类人才培养体制研究与改革[J]. 环境科学与管理，2018，246（5）：26-28.

[8] 李丽芬. 动态环境下 HX 环保企业人才引进及培养体制研究[D]. 广州：华南理工大学，2016.

[9] 李威. 环保产业人才需求趋势研究分析[J]. 中国管理信息化，2016，19（21）：247-248.

[10] 林麟. 福建省环境保护系统人才队伍建设研究[D]. 福州：福建农林大学，2014.

[11] 刘婷，张玉麟，周雨宝，等. 关于我国环境保护国际合作人才队伍建设探析[J]. 环境与可持续发展，2016（6）：98-100.

[12] 罗鸿斌. 面向珠江三角洲生态环保产业发展需求的应用型人才协同培养机制探析[J]. 资源节约与环保，2017（5）：100-103.

[13] 吕文明. 基于 SMART 原则的高职环境保护人才培养战略研究[J]. 文教资料，2017（16）：110-112.

[14] 宋洋，王志刚. 我国生态环保产业人才发展战略研究[J]. 科技、经济、市场，2010（4）：82-83.

[15] 仝永娟，贺铸，谢梦茜.跨学科宽口径节能环保型人才的培养与实践[J]. 科教导刊，2016（27）：45-46.

[16] 王健臣. 沈阳振兴生态环保产业集团有限公司后备人才培养方案的设计与实施[D]. 沈阳：东北大学，2009.

[17] 王荣. Y 市 T 区生态环保产业人才规划研究[D]. 南京：南京理工大学，2012.

[18] 徐超，汪瀚. 产教融合的环保应用型人才培养机制创新与实践[J]. 湖北理工学院学报，2016（6）：61-65.

[19] 徐玖平，蒋洪强，张勇，等. 青年高级人力资源开发管理人才素质的综合评价[J]. 中国管理科学，

2003，11（1）：81-86.

[20] 姚炎祥，刘金春，韦保仁，等. 中国高等生态环保人才现状分析[J]. 环境科学学报，1998，18（6）：642-649.

[21] 喻念念. 环保类高职人才培养探析[J]. 人才资源开发，2017（2）：92.

[22] 张新华，彭建红. 多元线性回归法在鄱阳湖生态经济区生态环保人才需求预测中的应用[J]. 山西农经，2016（16）：37-38.

[23] 陈芳，吴文华. 加入 WTO 对中国企业人力资源开发与管理的影响[J]. 湖南大学学报（社会科学版），2001（S2）：86-88.

[24] 左春伟. 浅析人才测评技术在人力资源管理中的应用[J]. 职业，2012（6）：181.

[25] 陈芳. 企业科技人才综合素质测评及其哲学思考[D]. 长沙：湖南大学，2003.

[26] 李欣. 企业创新人才素质测评指标体系研究[D]. 石家庄：河北经贸大学，2012.

[27] Barrick M R，Zimmerman R D. Reducing voluntary，avoidable turnover through selection[J]. Journal of Applied Psychology，2005，90（1）：159-166.

[28] Carlson R E. Effect of applicant sample on ratings of valid information in an employment setting[J]. Journal of Applied Psychology，1970，54（3）：217.

[29] Elkins T J，Phillips J S. Job context，selection decision outcome，and the perceived fairness of selection tests：biodata as an illustrative case[J]. Journal of Applied Psychology，2000，85（3）：479-484.

[30] Hopkins K D. Educational and psychological measurement and evaluation[M]. Prentice-Hall Inc，1990.

[31] Anastasi A. Psychological Testing（6thed）[M]. New York：Macmillan Publishing Co，1998.

[32] Roth W M. Situated cognition and assessment of competence in science[J]. Evalustion and Programming Planning，1998（21）：155-169.

[33] Russell C J. A longitudinal study of top-level executive performance[J]. Journal of Applied Psychology，2001（86）：560-573.

[34] 李明，吴薇莉. 国内外人才测评的发展与研究[J]. 决策咨询通讯，2010（4）：68-70.

[35] 包玲玲，王韬. 我国魅力型领导的结构维度及其影响研究[J]. 经济师，2009（5）：60-61.

[36] 袁朋伟. 基于胜任力模型的企业人才测评系统研究[D]. 济南：山东大学，2011.

[37] 汪群，王建中. 多层次科技人才综合测评的研究分析[J]. 中国科学基金，1996（1）：45-50.

[38] 王邵娜. 我国人才测评现存的问题与对策[J]. 天津市财贸管理干部学院学报，2012，14（4）：59-61.

[39] 贾敏. 我国人才测评技术的现状、问题及变革方向研究[J]. 现代经济信息，2012（3）：93.

[40] 王通讯. 人才素质测评论[J]. 党建与人才，2001（6）：4-5.

[41] 谭旭红，张晓天. 现代人才素质测评理论在应用中应注意的问题探讨[J]. 技术经济，2002（10）：16-17.

[42] 余斌，张国玉. 试论人才素质测评的基本原理[J]. 管理学刊，2011，24（1）：51-53，90.

[43] 胡春霞. 人才测评在校园招聘中的应用研究[D]. 西安：陕西科技大学，2012.

[44] 闫美灵. 我国公务员考试录用的人才测评研究[D]. 太原：山西大学，2012.

[45] McClelland D C. Testing for competence rather than for "intelligenvce" [J]. American Psychologist，1973，28（1）：1-14.

[46] McLagan P. Competency Model[J]. Training＆Development Journal，1980，34（2）：22-26.

[47] 陈云川，雷铁. 胜任力研究与应用综述及发展趋向[J]. 科研管理，2004（6）：141-144.

[48] Spencer L M，McClelland D C，Spencer S M. Competency assessment methods：history and state of the art[M]. Hay-McBer Research Press，1994：50-60.

[49] Cardy R L，Selvarajan T T. Competencies：alternative frameworks for competitive advantage[J]. Business Horizons，2006，49（3）：235-245.

[50] Mirabile R J. Everything you wanted to know about competency modeling[J]. Training and Development，1997，51（8）：73-77.

[51] 林钦松. 本科应用型人才培养与大学生综合素质测评模型构建——以福建师范大学福清分校为例[J]. 赤峰学院学报（汉文哲学社会科学版），2011，32（12）：237-239.

[52] 贺泽群，李方遒，倪东辉. 以科学发展观创新高校学生综合素质测评新模式[J]. 高教论坛，2010（3）：3-7.

[53] 段和军，邓瑾轩. 中层管理人才素质测评探析[J]. 经济研究导刊，2006（2）：62-65.

[54] 周元福. 对人才测评方法的思考[J]. 经济师，2003（7）：143-144.

[55] 秦士嘉，吴访升. 高级管理人才综合素质测评分析系统总体研究[J]. 常州技术师范学院学报，2001（4）：5-9.

[56] 陈美霞. 政府领导人才素质测评指标体系实证研究[D]. 武汉：中国地质大学，2007.

[57] 王岚，张东莱. 人才测评技术的新实践：交互式发展评估法[J]. 人力资源管理，2013（5）：127-129.

[58] 叶茂林，张珊珊，孟晋. 沙盘模拟应用于人才测评的实证研究[J]. 现代管理科学，2012（8）：29-30，62.

[59] McDaniel M A，Morgeson F P，Finnegan E B，et al. Use of situational judgment tests to predict job performance：a clarification of the literature[J]. Journal of Applied Psychology，2001，86（4）：730-740.

[60] Sanchez J I，Levine R L. Accuracy or consequential validity：which is the better standard for job analysis data？[J]. Journal of Organizational Behavior，2000，21（7）：809-818.

[61] 朱孔来. 国民经济和社会发展综合评价研究[M]. 济南：山东人民出版社，2004.

[62] 郭亚军. 综合评价理论与方法[M]. 北京：科学出版社，2002.

[63] 苗润生. 中国地区综合经济实力评价方法研究[M]. 北京：中国人民大学出版社，1900.

[64] 彭剑峰. 人力资源管理概论[M]. 上海：复旦大学出版社，2005.

[65] 李明斐，卢小君. 胜任力与胜任力模型构建方法研究[J]. 大连理工大学学报（社会科学版），2004，

25（1）：28-32.

[66] 梁建春，冯明，何跃. 胜任特征研究及其在人力资源管理中的意义[J]. 重庆理工大学学报，2005，19（4）：8-12.

[67] 卢亚灵，蒋洪强，杨勇. “十二五”时期中国环保人才发展时空特征分析[J]. 中国人口·资源与环境，2017，27（S2）：11-14.

[68] 王菲，吴泉源，吕建树，等. 山东省典型金矿区土壤重金属空间特征分析与环境风险评估[J]. 环境科学，2016，37（8）：3144-3150.